THÈSES

PRÉSENTÉES

A LA FACULTÉ DES SCIENCES DE PARIS

POUR OBTENIR

LE GRADE DE DOCTEUR ÈS SCIENCES

ACADÉMIE DE PARIS

FACULTÉ DES SCIENCES DE PARIS

Doyen.	MILNE EDWARDS, Professeur,	Zoologie, Anatomie, Physiologie.
Professeurs honoraires.	DUMAS.	
	BALARD.	
Professeurs.	DELAFOSSE.	Minéralogie.
	CHASLES.	Géométrie supérieure.
	LE VERRIER.	Astronomie.
	DELAUNAY.	Mécanique physique.
	P. DESAINS.	Physique.
	LIOUVILLE.	Mécanique rationnelle.
	HÉBERT.	Géologie.
	PUISEUX.	Astronomie.
	DUCHARTRE.	Botanique.
	JAMIN.	Physique.
	SERRET.	Calcul différentiel et intégral.
	H. SAINTE-CLAIRE DEVILLE.	Chimie.
	PASTEUR.	Chimie.
	LACAZE-DUTHIERS.	Anatomie, Physiologie comparée, Zoologie.
	BERT.	Physiologie.
	HERMITE.	Algèbre supérieure.
	N.	Calcul des probabilités, Physique mathématique.
Agrégés.	BERTRAND.	Sciences mathématiques
	J. VIEILLE.	Sciences mathématiques
	PELIGOT.	Sciences physiques.
Secrétaire.	PHILIPPON.	

N° D'ORDRE
325

THÈSES

PRÉSENTÉES

A LA FACULTÉ DES SCIENCES DE PARIS

POUR OBTENIR

LE GRADE DE DOCTEUR ÈS SCIENCES

PAR

M. PAUL LE CORDIER

1re THÈSE. — SUR LES AIRES SPHÉRIQUES DE GAUSS, SUR LA PÉRIODICITÉ QUI CARACTÉRISE LES POTENTIELS DES LIGNES FERMÉES, ET SUR LES SURFACES DE NIVEAU CORRESPONDANTES.

2e THÈSE. — QUESTIONS DONNÉES PAR LA FACULTÉ. — USAGE DES POTENTIELS DANS L'ÉLECTRO-DYNAMIQUE ET DANS L'ÉLECTRO-MAGNÉTISME.

Soutenues le juillet 1870 devant la Commission d'Examen.

MM. SERRET,		*Président.*
OSSIAN BONNET,	}	*Examinateurs.*
BRIOT,	}	

PARIS

IMPRIMERIE CUSSET ET Cie

26, RUE RACINE, 26

1870

TABLE DES MATIÈRES

DE LA PREMIÈRE THÈSE.

FAUTES A CORRIGER DANS CETTE THÈSE.

Pages.	Lignes.	Au lieu de :	Lisez :
13	2ᵉ après les éq. (5). . . .	; *et*	;
16	7ᵉ en remontant.	étant	est
18	10ᵉ *id.*	$\dfrac{2}{n-p-\alpha}$	$\dfrac{n-p-\alpha}{2}$
20	4ᵉ *id.*	multipe	multiple
22	15ᵉ.	correspondent	correspond
23	15ᵉ.	1	I
25	7ᵉ en remontant.	A_1 et A_2	S_1 et S_2
31	1ʳᵉ.	L	S
31	4ᵉ en remontant.	III	IV
35	12ᵉ *id.*	plus	pas
40	4ᵉ.	tangent	tangent, lequel est
66	10ᵉ en remontant.	$\int \frac{d\varphi}{dy}$	$\frac{d\varphi}{dy} \int$
76	éq. (89).	$)^{dN}$	$)\,dN$
79	5ᵉ en remontant.	coordonnées	coordonnés
88	3ᵉ.	$\overline{OB}$ / $\overline{BC}$	$\frac{OB}{BC}$, d'où

DÉFINITIONS.

	NOTATIONS.	EXPRESSIONS.	DÉFINITIONS.
(1)	. . . . . .	Système ordinaire de trois axes de coordonnées.	Un système dans lequel la rotation $< 180°$ qui amène l'axe positif des x sur l'axe positif des y paraît s'effectuer dans le sens du mouvement des aiguilles d'une montre, quand l'œil de l'observateur est en un point de l'axe positif des z. Nous supposerons toujours les trois axes coordonnées ainsi disposés.
(2)	(S)	Sphère auxiliaire.	Une sphère fixe, ayant pour rayon l'unité, et pour normale extérieure le prolongement de son rayon.
(3)	$M(x, y, z)$	. . . .	Point de l'espace et ses coordonnées rectilignes.
(4)	L	Ligne fermée.	Toute trajectoire d'un point qui revient à sa position initiale.
(5)	P	. . . .	Point mobile sur L.
(6)	. . . . . .	Sens positif sur L.	Celui du mouvement d'un point qui fait le tour de L. Cette définition est en défaut s'il existe sur L un arc multiple parcouru successivement dans les deux sens. Dans ce cas, le sens positif sera défini arbitrairement sur l'arc multiple.
(7)	AB	. . . .	Le chemin parcouru sur L quand on va de A à B, affecté du signe + ou du signe — suivant qu'on marche dans le sens positif ou dans le sens négatif.
(8)	$({}_{M}P), (P_{M})$.	Perspective sphérique directe et inverse du point P vu du point M.	L'extrémité du rayon de la sphère auxiliaire mené parallèlement à la droite qui passe par les points M et P, dans le sens MP et dans le sens PM.
(9)	. . . . . .	Droite et gauche d'une ligne L tracée sur une surface.	La droite et la gauche d'un observateur qui parcourt cette ligne dans le sens positif, et dont la tête est dans la région extérieure de cette surface.
(10)	$({}_{M}L), (L_{M})$	Perspective sphérique directe et inverse de la ligne L vue du point M.	Le lieu des points $({}_{M}P)$ et celui des points (P_{M}).
(11)	. . . . . .	Sens positif sur $({}_{M}L)$ et sur (L_{M}).	Ceux qui répondent au sens positif sur L dans les mouvements simultanés du point P sur L et des deux points $({}_{M}P)$ et (P_{M}).

	NOTATIONS.	EXPRESSIONS.	DÉFINITIONS.
(12)	......	Normale extérieure d'une surface quelconque.	Celle qui est définie, sur chaque nappe, en un point particulier de cette nappe, par un choix arbitraire, et en tous les autres par la continuité.
(13)	$_ML$, L_M	....	Cônes opposés par le sommet, et qui sont les lieux géométriques des droites menées par le centre de (S) dans les directions MP et PM. Ils coupent (S) suivant ($_ML$) et (L_M).
(14)	......	Rotation positive d'un point mobile (x, y, z) — Autour de l'axe des z;	Celle dans laquelle la projection du point mobile sur le plan des xy tourne dans le sens xy autour de l'origine;
		Autour d'une droite fixe;	Celle qui est positive quand on prend la direction positive de cette droite pour axe des x positifs;
		Autour d'un point d'une courbe;	Celle qui est positive autour de la tangente positive en ce point.
(15)	......	Rotation positive autour d'un élément de surface.	Celle qui s'exécute dans le sens positif autour de sa normale extérieure, ou de manière que l'élément soit à droite de son contour.
(16)	$(_MdS)$	Perspective sphérique de l'élément superficiel dS vu du point M.	L'aire interceptée sur (S) par la perspective ($_ML$) du contour L de dS, affectée du signe de la rotation du point ($_MP$) autour de son contour, quand le point P fait une rotation positive autour de dS, et par suite du signe + ou du signe — suivant qu'elle est à droite ou à gauche de son contour.
(17)	$(_MA)$	Perspective sphérique d'une aire courbe A vue d'un point M.	La somme algébrique des perspectives sphériques de ses éléments vus du point M.
(18)	p, $\underline{p}$	....	La représentation sphérique de la tangente positive ou de la tangente négative de la ligne L au point P.
(19)	l, $\underline{l}$	....	Le lieu des points p, et le lieu des points $\underline{p}$.
(20)	S	Surface fermée.	Toute surface qui peut être engendrée par la déformation d'une ligne L toujours fermée dont tous les points décrivent des lignes fermées.
(21)	......	Ordre d'un arc multiple de L.	Le nombre de fois que cet arc est parcouru dans le sens positif, moins le nombre de fois qu'il est parcouru dans le sens négatif.
(22)	......	Aire multiple de S.	Une aire décrite plusieurs fois par L.
(23)	......	Ordre d'une aire multiple.	La différence prise en valeur absolue entre les nombres de normales extérieures dirigées dans un sens et dans l'autre, quand on regarde l'aire multiple comme résultant de la coïncidence de plusieurs aires simples.

PREMIÈRE THÈSE

SUR LES

AIRES SPHÉRIQUES DE GAUSS

SUR LA

PÉRIODICITÉ QUI CARACTÉRISE LES POTENTIELS DES LIGNES FERMÉES

ET SUR LES SURFACES DE NIVEAU CORRESPONDANTES.

---

§ 1.

NOTIONS PRÉLIMINAIRES SUR LES LIGNES FERMÉES.

Énoncé et démonstration élémentaire des deux lois trouvées par Gauss et relatives aux coefficients des aires sphériques.

1. *Soit une ligne fermée* (fig. 1) *n'ayant pas d'arc multiple, tracée sur une sphère et partageant sa surface en un nombre quelconque d'aires*

$$A, \quad B, \quad C, \quad D, \quad E, \quad F;$$

il est toujours possible d'attribuer à ces aires des coefficients respectifs

$$\alpha, \quad \beta, \quad \gamma, \quad \delta, \quad \varepsilon, \quad \varphi,$$

de manière à satisfaire aux deux lois suivantes :

1re LOI. *Les coefficients de deux aires séparées par un même arc diffèrent d'une unité, et le plus grand algébriquement affecte celle qui est à droite de cet arc.*

2e LOI. *La somme des coefficients des parties dans lesquelles se termine un diamètre $\zeta\zeta'$ donné arbitrairement, est nulle.*

Ces deux lois déterminent entièrement les coefficients, qui sont des multiples de $\frac{1}{2}$. Le théorème ne s'applique pas au cas où l'un des deux pôles $\zeta\zeta'$ serait sur la ligne fermée; il s'étend à un système quelconque de lignes fermées tracées sur la sphère.

Démonstration. Faisons passer par les pôles ζ, ζ' une infinité de demi-grands cercles, de manière à décomposer la sphère en fuseaux infiniment petits, dont chacun est subdivisé par la ligne fermée en plusieurs bandes a, b, c,... Considérant séparément chacun des arcs qui traversent le fuseau, écrivons le coefficient $+\frac{1}{2}$ dans toutes les bandes qui sont à sa droite, et le coefficient $-\frac{1}{2}$ dans toutes les bandes qui sont à sa gauche, et soit

α la somme des coefficients écrits dans la bande a,
β .... b,
γ .... c,
. . . .;

il est évident que les deux lois qui précèdent sont satisfaites dans le fuseau par les coefficients α, β, γ,... Chacune des parties

A, B, C,...

se trouve ainsi décomposée en bandes

$a, a', a'',\ldots, \quad b, b', b'',\ldots, \quad c, c', c'',\ldots,$

dont les coefficients satisfont aux deux lois. Donc, pour achever la démonstration, il suffit de faire voir que toutes les bandes a, a', a'',... qui composent une même partie A sont affectées du même coefficient α, et de donner ce coefficient à A.

Supposons d'abord qu'aucun méridien ne rencontre le contour de A en plus de deux points, et prenons arbitrairement deux points P et Q dans deux des bandes contenues dans A. Chaque fois que la ligne fermée, traversant l'un des arcs de grands cercles Pζ, Qζ, pénètre dans la surface comprise entre ces arcs et l'aire A, elle ne peut en sortir que de deux manières, en traversant l'autre arc dans le même sens ou le même arc en sens contraire; c'est ici qu'il faut exclure le cas où la ligne fermée passerait par le pôle ζ, car elle pourrait entrer ou sortir par ce pôle. Donc elle fait placer dans le premier cas deux coefficients égaux et de même signe dans les deux bandes, et dans le second cas deux coefficients égaux et de signes contraires dans la même bande. On peut répéter cette observation en remplaçant ζ par ζ'. Donc la différence des coefficients écrits dans les deux bandes est nulle.

Supposons en dernier lieu que certains méridiens rencontrent le contour de A en plus de deux points. Il est facile de décomposer A en parties dont les contours ne soient rencontrés en plus de deux points par aucun méridien. Alors toutes les bandes d'une même partie sont affectées du même coefficient, et deux parties voisines sont séparées par une ligne que traversent des bandes s'étendant dans chacune d'elles. Le coefficient d'une de ces bandes appartient aux deux parties, et s'étend dès lors à toute l'aire A.

Réciproquement, si une ligne tracée sur une sphère la partage en plusieurs parties A, B, C,... *et s'il est possible d'attribuer à chacune d'elles un coefficient de manière à satisfaire aux deux lois de Gauss, cette ligne est fermée.*

En effet, si la ligne considérée n'était pas fermée, elle se terminerait en deux points multiples, et on pourrait la fermer en réunissant ces deux points par un arc quelconque. Les deux lois en question détermineraient entièrement les coefficients des parties séparées par la ligne fermée; et, en supprimant l'arc ajouté, on réunirait des aires affectées de coefficients différents et n'ayant pourtant qu'une valeur admissible, ce qui prouve l'impossibilité de satisfaire aux deux lois sans l'addition de cet arc.

Donc, la possibilité de satisfaire aux deux lois est nécessaire et suffisante pour qu'une ligne tracée sur la sphère soit fermée. Mais la réciproque ne nous sera pas utile. Si la ligne fermée a des arcs multiples, le théorème de Gauss subsiste, pourvu qu'on modifie ainsi la première loi.

1re LOI GÉNÉRALISÉE. *Si deux aires sont séparées par un arc multiple, l'excès du coefficient placé à sa droite sur celui de gauche sera égal à l'ordre de multiplicité.* Cette généralisation résulte de ce qu'une ligne qui a des arcs multiples est la limite d'une ligne qui n'en a pas.

Il est évident qu'en supprimant la 2e loi, α devient arbitraire, mais que β, γ,... sont des fonctions de α parfaitement déterminées par la 1re loi.

2. *Formules relatives aux coefficients* α, β, γ,... *des aires* A, B, C,..., *séparées sur une sphère dont on prend le rayon pour unité par une ligne fermée* L, *quand on supprime la 2e loi.* Observons d'abord que la 1re loi donne entre le système particulier α_0, β_0, γ_0,... et le système général α, β, γ,... les relations

$$(1)\qquad \alpha - \alpha_0 = \beta - \beta_0 = \gamma - \gamma_0 = \ldots$$

et que d'ailleurs

$$(2)\qquad A + B + C + \ldots = 4\pi.$$

Si donc on pose

$$(3)\qquad \Sigma(\alpha, L) = \alpha A + \beta B + \gamma C + \ldots$$

On aura

$$(4)\qquad \Sigma(\alpha) - \Sigma(\alpha_0) = 4\pi(\alpha - \alpha_0).$$

LEMME 1. *Étant donné un système* L *de plusieurs lignes sphériques fermées* L_1, L_2, L_3,..., *si on met successivement dans chacune des aires* A, B, C,..., *séparées par* L, *un point indéterminé* a, b, c,..., *et si on adopte les notations suivantes pour représenter les aires et les coefficients des aires séparées par chacune des lignes*

$$\begin{array}{lllll} & & L; & L_1; & L_2;\ldots, \\ & a, & A, \alpha; & A_1, \alpha_1; & A_2, \alpha_2;\ldots \\ & b, & B, \beta; & B_1, \beta_1; & B_2, \beta_2;\ldots \\ \text{(5)} \quad \text{et qui contiennent les points} & c, & C, \gamma; & C_1, \gamma_1; & C_2, \gamma_2;\ldots \\ & d, & D, \delta; & D_1, \delta_1; & D_2, \delta_2;\ldots \\ & \ldots & \ldots & \ldots & \ldots \end{array}$$

en sorte que plusieurs des lettres A_1, B_1, C_1,... ou A_2, B_2, C_2,... *etc., peuvent représenter la même aire; et si on profite en outre de la suppression de la* 2ᵉ *loi pour poser arbitrairement*

$$\text{(5 bis)} \qquad \alpha = \alpha_0, \quad \alpha_1 = 0, \quad \alpha_2 = 0,\ldots;$$

on aura les formules

$$\text{(6)} \quad \alpha = \alpha_0 + \alpha_1 + \alpha_2 + \ldots \quad \beta = \alpha_0 + \beta_1 + \beta_2 + \ldots \quad \gamma = \alpha_0 + \gamma_1 + \gamma_2 + \ldots$$

$$\text{(7)} \qquad \Sigma(\alpha_0, L) = 4\alpha_0\pi + \Sigma(0, L_1) + \Sigma(0, L_2) + \ldots$$

On vérifie les formules (6) en observant qu'elles donnent $\alpha = \alpha_0$, et qu'elles satisfont à la 1ʳᵉ loi pour deux aires voisines quelconques C et D. Car, en général, une seule des lignes L_1, L_2, L_3,... séparera ces deux aires; et en supposant que ce soit L_1, on aura $\gamma_2 = \delta_2$, $\gamma_3 = \delta_3$,... d'où $\gamma - \delta = \gamma_1 - \delta_1$. Or, la différence $\gamma_1 - \delta_1$ est déterminée par la loi des coefficients α_1, β_1,...; et, comme l'arc qui sépare C et D sépare aussi C_1 et D_1, la différence $\gamma - \delta$ satisfait pareillement à la loi des coefficients α, β,... Dans le cas exceptionnel où C et D seraient séparés par un arc multiple, ayant D à sa droite et C à sa gauche, et appartenant à plusieurs des lignes L_1, L_2, L_3,... par exemple aux trois premières, on aurait $\delta - \gamma = \delta_1 - \gamma_1 + \delta_2 - \gamma_2 + \delta_3 - \gamma_3$. Or, l'arc qui sépare C et D résulte de la superposition de trois arcs appartenant aux trois lignes L_1, L_2, L_3, et dont les ordres de multiplicité sont $\delta_1 - \gamma_1$, $\delta_2 - \gamma_2$, $\delta_3 - \gamma_3$. Donc l'ordre de cet arc est $\delta - \gamma$, et satisfait à la loi des coefficients α, β, γ,...

On vérifie (7) en observant que les formules (6) donnent

$$\Sigma(\alpha_0, L) = \alpha_0(A+B+C+\ldots) + (\alpha_1 A + \beta_1 B + \gamma_1 C + \ldots) + \ldots + (\alpha_2 A + \beta_2 B + \gamma_2 C + \ldots) + \ldots$$

Or, celles des aires A, B, C,... qui, dans les expressions (6) de leurs coefficients, contiennent

$$\alpha_1, \quad \beta_1, \quad \gamma_1, \ldots,$$

ont pour somme

$$A_1, \quad B_1, \quad C_1, \ldots;$$

donc

$$\alpha_1 A + \beta_1 B + \gamma_1 C + \ldots = \alpha_1 A_1 + \beta_1 B_1 + \gamma_1 C_1 + \ldots = \Sigma(\alpha_1, L_1),$$

ce qui démontre (7).

Examen de deux cas particuliers de la formule (7).

1er CAS. Si le système L se compose de deux lignes fermées L_1, $\underline{L}_1$, symétriques l'une de l'autre par rapport au centre de la sphère, et dont les tangentes positives en deux points symétriques sont de même sens, la formule (7) devient

$$(8) \quad \Sigma(\alpha_0, L) = 4(\alpha_0 + \underline{\alpha})\pi + 2\Sigma(0, L_1), \qquad \underline{\alpha}_1 = \underline{\beta}_1 - \beta_1 = \underline{\gamma}_1 - \gamma_1 = \ldots$$

en désignant par

$$0 \text{ et } \underline{\alpha}_1, \qquad \beta_1 \text{ et } \underline{\beta}_1, \ldots$$

les coefficients des aires symétriques

$$A_1 \text{ et } \underline{A}_1, \qquad B_1 \text{ et } \underline{B}_1, \ldots$$

séparées par L_1 et $\underline{L}_1$.

En effet, l'égalité des nombres $\underline{\alpha}_1$, $\underline{\beta}_1 - \beta_1$, $\underline{\gamma}_1 - \gamma_1, \ldots$ est évidente en observant que, si l'aire B_1 est voisine de A_1 et située à sa droite, l'aire $\underline{B}_1$ sera voisine de $\underline{A}_1$ et placée à sa droite, ou inversement, en sorte qu'on a toujours $\beta - \alpha_1 = \underline{\beta}_1 - \underline{\alpha}_1$.

On a d'ailleurs

$$\Sigma(0, \underline{L}_1) = \underline{\alpha}_1 \underline{A}_1 + (\underline{\alpha}_1 + \beta_1)\underline{B}_1 + (\alpha_1 + \gamma_1)\underline{C}_1 + \ldots = 4\underline{\alpha}_1\pi + \Sigma(0, L_1),$$

et, en remplaçant $\Sigma(0, \underline{L}_1)$ par $\Sigma(0, L_1) + 4\underline{\alpha}_1\pi$, la formule (7) devient (8).

Le cas de la formule (8) est celui des deux indicatrices sphériques d'une ligne fermée parcourue dans les deux sens.

Remarquons encore que L partage la sphère en aires symétriques deux à deux

$$A \text{ et } A', \quad B \text{ et } B', \ldots$$

dont les coefficients

$$\alpha \text{ et } \alpha', \quad \beta \text{ et } \beta', \ldots$$

sont égaux deux à deux. En effet, si on prend dans B et dans B′ deux points symétriques b et b', et qu'on aille de b à b', puis de b' à b par deux chemins symétriques tracés sur la sphère, ces deux chemins traverseront des aires symétriques

$$B, C, \ldots \quad B'$$

et

$$B', C', \ldots \quad B,$$

et on aura $\beta' - \beta = \gamma' - \gamma = \ldots = \beta - \beta'$; d'où $\beta = \beta'$. Ainsi $A = A'$, $B = B', \ldots$ et $\alpha = \alpha'$, $\beta = \beta', \ldots$; donc la formule (8) peut s'écrire

$$(9) \quad \frac{1}{2}\Sigma(\alpha_0, L) = \alpha_0 A + \beta B + \gamma C + \ldots = \alpha_0 A' + \beta B' + \gamma C' + \ldots = 2(\alpha_0 + \underline{\alpha}_1)\pi + \Sigma(0, L_1).$$

2ᵉ CAS. Si L se compose d'un système de lignes fermées symétriques par rapport au centre de la sphère, L_1 et $\underline{L}_1$, parcourues en sens contraires en leurs points symétriques, on a $\underline{\alpha}_1 = \beta_1 + \underline{\beta}_1 = \gamma_1 + \underline{\gamma}_1, \ldots$; d'où $\Sigma(0, L_1) + \Sigma(0, \underline{L}_1) = 4\underline{\alpha}_1\pi$ et $\Sigma(\alpha_0, L) = 4(\alpha_0 + \alpha_1)\pi$. On a aussi $\alpha + \alpha' = \beta + \beta' = \ldots = l$, et $\Sigma(\alpha_0, L) = 2l\pi$; donc $l = 2(\alpha_0 + \underline{\alpha}_1)$ est un nombre pair.

3. *Généralisation du théorème de M. Ossian Bonnet sur le lieu l des extrémités des quarts de grands cercles qui sont les tangentes géodésiques positives en tous les points d'une ligne sphérique fermée l′, et démonstration*

de la réciproque, au moyen des aires sphériques. — Application aux lignes de courbure fermées. — Courbure totale.

Si on trace sur une sphère un contour fermé quelconque l', dont la direction de la tangente varie sans discontinuité, que l'on porte sur ses tangentes géodésiques positives des arcs d'un quadrant, et que l'on considère le cas où le lieu l des extrémités de ces quadrants partage la sphère en deux parties seulement, on sait par le théorème de M. Ossian Bonnet que ces deux parties sont équivalentes. C'est ce cas particulier qu'il s'agit d'écarter.

Lorsque la direction de la tangente à l' devient discontinue en un point f', l n'est plus une ligne fermée. Mais si l'on convient de raccorder les deux arcs qui se réunissent en f' par un petit arc $e'm'g'$ de manière à rétablir la continuité, et de regarder l comme la limite du trait continu qu'on obtient en faisant converger cet arc vers zéro, alors le théorème ne cesse pas d'avoir lieu ; au point unique f' du contour l' correspond sur l l'arc de grand cercle qui a f' pour pôle et qui réunit les deux tangentes géodésiques positives de ce point.

Lemme 2. *En désignant par l la longueur d'un contour polygonal fermé tracé sur une sphère de rayon unité, par $-\,d\theta$ la flexion géodésique de l'élément dl, par α et α' les coefficients des aires qui contiennent deux points ζ et ζ' diamétralement opposés sur la sphère, et non situés sur l, quand on donne aux aires séparées par cette ligne des coefficients satisfaisant à la 1re loi; on a*

$$(10)\quad \Sigma(\alpha', l) = 2(\alpha + \alpha' + p - n)\pi + \int_0^l \frac{d\theta}{dl}\,dl - \mathrm{E} - \mathrm{E}_1 - \mathrm{E}_2 - \ldots;$$

$\mathrm{E}, \mathrm{E}_1, \mathrm{E}_2, \ldots$ sont les angles extérieurs du contour; chacun d'eux, ainsi que $-\,d\theta$, étant positif ou négatif suivant que la tangente géodésique positive tourne vers la droite ou vers la gauche du contour quand le point de contact, marchant dans le sens positif, passe par le sommet ou par l'élément en question; p ou n désignent les nombres de fois que cette tangente, terminée à 180° du point de contact, et exécutant les rotations positives ou négatives $\mathrm{E}, \mathrm{E}_1, \mathrm{E}_2, \ldots$ et $-\,d\theta$, franchit ζ' dans une révolution entière et positive du point de contact.

Si les arcs de l sont des arcs de grands cercles, la formule (10) devient

$$\Sigma(0, l) = 2(\alpha + p - n)\pi - \mathrm{E} - \mathrm{E}_1 - \mathrm{E}_2 - \ldots, \tag{11}$$

et il suffit de démontrer celle-ci pour en conclure immédiatement la proposée, car $\alpha - \alpha'$, étant invariable en vertu de la 1re loi, quand on change α', est l'expression générale qui devient α pour $\alpha = 0$. Donc on passe de α' nul à α' quelconque en remplaçant, dans la formule (11), $2\alpha\pi$ par $2(\alpha - \alpha')\pi + 4\alpha'\pi = 2(\alpha + \alpha')\pi$. Et si les arcs de l deviennent infiniment petits, on obtient un contour quelconque, et chaque angle extérieur E devient la flexion géodésique $-d\theta$ d'un élément dl. Or, si on considère un quadrilatère sphérique, dont l'aire est à droite (fig. 2) ou à gauche (fig. 3) de son contour, on a, en prenant toutes les lettres des figures en valeur absolue,

$$u + t_1 + \varepsilon_1 = \pi, \quad u_1 - t_2 + \varepsilon_2 = \pi, \quad u_2 + t_3 - \varepsilon_3 = \pi, \quad -u_3 + t + \varepsilon = \pi;$$

ce qui donne pour $\Sigma(0, l)$ (fig. 2), et pour $-\Sigma(0, l)$ (fig. 3),

$$\begin{gathered}(s + t + u - \pi) + (s_1 + t_1 + u_1 - \pi) + (-s_2 - t_2 - u_2 + \pi) + (-s_3 - t_3 - u_3 + \pi) = \\ (s + t - t_1 - \varepsilon_1) + (s_1 + t_1 + t_2 - \varepsilon_2) + (-s_2 - t_2 + t_3 - \varepsilon_3 + (-s_3 - t_3 - t - \varepsilon + 2\pi) \\ = (s + s_1 - s_2 - s_3) - (\varepsilon + \varepsilon_1 + \varepsilon_2 + \varepsilon_3) + 2\pi.\end{gathered}$$

Or, s, s_1,... ont le signe + ou le signe — dans $\Sigma(0, l)$, suivant que l'arc de grand cercle qui va du pôle ζ à un point mobile sur l dans le sens positif tourne dans le sens des aiguilles d'une montre ou dans le sens contraire quand on le regarde d'un point situé sur le prolongement du rayon qui passe par ce pôle; donc l'expression générale de $s + s_1 - s_2 - s_3$ est la rotation de cet arc de grand cercle pour une révolution entière et positive suivant l, c'est-à-dire le coefficient α placé dans l'aire qui renferme ζ quand on met zéro dans celle qui contient ζ'. Car on peut déterminer les coefficients en faisant passer par chaque sommet de l un méridien terminé aux pôles ζ et ζ', considérant les aires dans lesquelles chaque fuseau est décomposé par l, et mettant dans toutes les aires comprises entre ζ et chacun des arcs qui traversent le fuseau le coefficient $+1$ ou -1, suivant qu'elles sont à droite ou à gauche de cet arc; par conséquent, suivant que l'arc de grand cercle qui tourne de l'un des angles s marche dans le sens des aiguilles d'une montre ou dans le sens contraire. On voit aussi que chacun des angles ε est égal en valeur absolue à l'un des angles E, et est précédé du signe attribué à E dans l'expression de $\Sigma(0, l)$, pour chacune des deux figures; et que les seuls de ces angles ε qui soient accompagnés du terme $\pm 2\pi$ sont ceux qui satisfont à la double condition que la rotation s change de sens à leur sommet, et que l'angle t soit plus grand que u_s. Ce qui établit la formule (11).

Lemme 3. *Étant donnée une ligne fermée l' sur la surface d'une sphère, si on appelle l le lieu des extrémités de ses tangentes géodésiques positives terminées à 90° de leurs points de contact, la fonction $\Sigma(\alpha', l)$ définie par la formule* (3) *représentera un nombre entier d'hémisphères pour toute valeur entière de α'; ou, ce qui revient au même, l'éq. $\Sigma(\alpha', l) = 0$ donnera pour α' un multiple de $\frac{1}{2}$.* Il suffit de démontrer cette propriété pour un contour polygonal l' composé d'arcs de grands cercles. Mais alors l se compose aussi d'arcs de grands cercles; et, de plus, tous ses angles E, E_1, E_2,... sont droits et ont leurs sommets deux à deux sur des arcs qui ont pour pôles les sommets de l' : et, comme les deux angles ainsi associés sont toujours de signes contraires, l'éq. (11) devient $\Sigma(0, l) = 2(\alpha + p - n)\pi$. Donc $\Sigma(\alpha', l) = 2(2\alpha' + \alpha + p - n)\pi$, ce qui répresente un multiple d'un hémisphère 2π. D'ailleurs l'éq. $\Sigma(\alpha', l) = 0$ donne $\alpha' = \frac{2}{n - p - \alpha}$, expression d'un multiple de $\frac{1}{2}$.

Notations et définitions. Toutes les fois que deux points seront placés sur une ligne fermée dont on aura défini le sens positif, on distinguera l'un des arcs que séparent ces deux points en écrivant au premier rang la lettre placée au commencement de l'arc parcouru dans le sens positif.

Sur une sphère de rayon unité on appellera

l une ligne fermée (fig. 4);

$dl = aa'$ un élément de l;

ab et $a'b'$ deux quarts de grands cercles normaux sur l et à sa droite;

p la polaire droite de l, c'est-à-dire le lieu des points b;

q une trajectoire orthogonale du système des grands cercles qui ont pour pôles tous les points de l, rentrant par un point de rebroussement dans la région de ces grands cercles chaque fois qu'elle atteint l'une de ses limites, c'est-à-dire l'une des polaires de l;

r le grand cercle $hcbts$ qui a pour pôle a, et pour tangente positive en b celle qui est dirigée dans le même sens que la tangente positive de l en a;

c et b les deux points où ce grand cercle est normal à q et tangent à p;

a, b, c trois points correspondants définissant par leurs mouvements simultanés les sens positifs sur l, p et q;

$\theta = cb$;

$d\theta = \pm bb' = \frac{d\theta}{dl} dl$;

$-d\theta$ la flexion géodésique de dl, que l'on continuera de prendre positivement quand cet élément se dévie à droite de sa tangente géodésique positive;

c et h le commencement et la fin de q quand un point mobile partant de b parcourt tous les éléments de p dans le sens positif;

$T = -\int d\theta$ ou $-\int_0^l \frac{d\theta}{dl} dl$ la flexion totale de l;

$\int d\theta$ la longueur de p quand on partage cette ligne en éléments additifs ou soustractifs, suivant que leur tangente positive et celle de r sont de même sens ou de sens contraires;

$\theta_h - \theta_c$ l'ouverture du développement de p sur r, c'est-à-dire l'arc constant qui resterait compris entre les deux arcs de p qui se réunissent en un point arbitraire, si on la rompait en ce point pour appliquer sur r ses arcs additifs dans le sens positif et ses arcs soustractifs dans le sens négatif;

$hc = \theta_h - \theta_c$ ou $2\pi + \theta_h - \theta_c$, suivant que θ_h est plus grand ou plus petit que θ_c.

Et l'on aura évidemment

$$\text{(12)} \qquad \int_0^l \frac{d\theta}{dl} dl = 2(P - N)\pi + \theta_h - \theta_c = 2n\pi + hc,$$

P et N désignant les nombres de points de q qui sont placés sur les arcs additifs et sur les arcs soustractifs de p; en sorte que hc est la longueur de p rendue positive et moindre qu'une circonférence par l'addition de n circonférences.

LEMME 4. *Les deux équations*

$$(13) \qquad \int d\theta = \Sigma(\alpha, l), \qquad hc = \Sigma(\alpha, l)$$

donnent chacune pour α *un multiple de* $\frac{1}{2}$.

En effet, si on construit les triangles trirectangles cas, hat (fig. 4), et si on regarde la ligne fermée $q + hc$ comme la limite d'une ligne sphérique fermée dont la direction de la tangente varie sans discontinuité, on voit que le lieu des extrémités de ses tangentes géodésiques positives terminées à 90° de leurs points de contact se composera des deux lignes fermées l et $atsa$. Donc, si on prend un point m en dehors de l'aire ats, et si on met dans les aires contenant m et limitées par les lignes

$$l + atsa, \qquad l, \qquad atsa,$$

les coefficients arbitraires

$$a_0, \qquad 0, \qquad 0,$$

la formule (7) donnera

$$\Sigma(\alpha_0, l + atsa) = 4\alpha_0\pi + \Sigma(0, l) + \Sigma(0, atsa).$$

Mais $\Sigma(0, atsa) = -$ aire $ats = -ts = -hc$, parce que cette aire, ainsi que le point a, est à gauche de ts; donc

$$hc = 4\alpha_0\pi + \Sigma(0, l) - \Sigma(\alpha_0, l + atsa).$$

Prenons pour α_0 un nombre entier; $\Sigma(\alpha_0, l + atsa)$ est un mutliple de 2π en vertu du lemme 3. Donc $hc - \Sigma(0, l)$ est un multiple de 2π, et dès lors, en vertu de l'éq. (12), $\int d\theta - \Sigma(0, l)$ est aussi un multiple de 2π. Ainsi les valeurs de α tirées des éq. (13) sont les suivantes, données par l'éq. (4)

$$\alpha = \frac{hc - \Sigma(0, l)}{4\pi} \quad \text{et} \quad \alpha = \frac{\int d\theta - \Sigma(0, l)}{4\pi},$$

expressions qui représentent deux multiples de $\frac{1}{2}$.

Théorème I (fig. 4). *Étant donnée une ligne fermée l sur une sphère de rayon unité, et un quadrant mobile parcourant une seule fois par l'une de ses extrémités tous les éléments de l dans le sens positif, et décrivant par l'autre un arc q orthogonal à tous les grands cercles qui ont pour pôles les différents points de l; pour que cet arc q soit fermé, il faut et il suffit que l'éq. $\Sigma(\alpha, l) = 0$ donne pour α un multiple de $\frac{1}{2}$, ou encore que $\Sigma(0, l)$ soit un multiple d'un hémisphère.*

Ces deux énoncés sont équivalents, puisque l'éq. $\Sigma(\alpha, l) = 0$ donne, par la formule (4), $\alpha = -\frac{\Sigma(0, l)}{4\pi}$. Pour que l'arc q soit fermé, il faut et il suffit que $hc = 0$. Mais on vient de voir que $hc = \Sigma(0, l) + 2k\pi$, k désignant un nombre entier. Donc il faut et il suffit que $\Sigma(0, l) = -2k\pi$.

Ce théorème comprend la généralisation et la réciproque de celui de M. Ossian Bonnet. On peut encore le généraliser en supposant que l'extrémité du quadrant mobile tourne indéfiniment sur l dans le sens positif, et demandant si l'arc q finira par se fermer, et quel sera le nombre n de révolutions au bout duquel cela arrivera pour la première fois. La condition est que $\frac{hc}{2\pi}$ soit égal à une fraction irréductible ayant pour dénominateur n. Mais $\frac{\Sigma(0, l)}{2\pi} = \frac{hc}{2\pi} - k$. Donc, si le nombre $\frac{\Sigma(0, l)}{2\pi}$ est incommensurable, l'arc q ne se fermera jamais, et s'il est exprimable par une fraction, en la réduisant à sa plus simple expression, on trouvera pour dénominateur le nombre de tours demandé. Il est bien entendu qu'on ne regarde pas la ligne q comme fermée en un point multiple qui correspond à deux points différents de l.

THÉORÈME II (fig. 4). *Si par tous les points d'une ligne fermée* L *on fait passer une surface indéterminée* S, *assujettie seulement à avoir* L *pour ligne de courbure, et si le pied d'une normale à* S *fait le tour de* L *dans le sens positif, les deux directions extrêmes de cette normale seront généralement différentes, mais feront entre elles un angle bien déterminé ; car on obtiendra la dernière en faisant tourner la première d'un angle égal à la torsion totale de* L, *et dans le sens de cette torsion.*

Remarquons d'abord que la détermination d'une surface S ayant pour ligne de courbure une ligne donnée L est un problème non-seulement toujours possible, mais indéterminé. Car si on mène par un point pris arbitrairement sur L toutes les normales de cette ligne, chacune de ces normales peut être prise pour une génératrice d'une surface développable bien déterminée par la double condition de passer par L et d'avoir toutes ses génératrices normales à cette ligne. A chacune de ces surfaces développables correspondent une infinité de surfaces S qui sont toutes les surfaces rencontrant celle-ci normalement suivant L ; et il est facile de voir que c'est là la solution la plus générale du problème.

Prenons sur L un point quelconque A, menons par ce point une normale que nous regarderons comme la normale extérieure d'une surface S ayant L pour ligne de courbure, et construisons dans une sphère auxiliaire ayant pour rayon l'unité les trois rayons Oa, Ob, Oc, qui représentent les directions de la tangente positive à L au point A, de sa binormale, et de la normale extérieure à S, et soient l, p, q les lignes sphériques qui sont les lieux géométriques de a, b, c, et dont les deux premières sont évidemment fermées. On supposera que les sens positifs sur les quatre lignes L, l, p, q correspondent aux mouvements simultanés des quatre points A, a, b, c, et que le sens de la binormale a été choisi de manière que la normale géodésique ab de l soit à sa droite. En observant que a est le pôle de l'arc de grand cercle bc, on reconnaît immédiatement que p est la polaire droite de l et q une trajectoire orthogonale des grands cercles qui ont pour pôles tous les points de l, ou une développante sphérique de p. Dès lors, Oc et Oh sont parallèles aux normales extérieures de S aux points de départ et d'arrivée, et l'angle que ces deux normales font entre elles est l'ouverture hc du développement de p

sur ses tangentes géodésiques. On voit d'ailleurs qu'on amène c en h en le faisant tourner de ch dans le sens négatif de la ligne r, c'est-à-dire dans le même sens que les aiguilles d'une montre quand on regarde r du point a. Or, l'élément AA', qui correspond à aa', a pour torsion $-d\theta$, en prenant cette torsion positivement quand la binormale tourne dans le même sens que les aiguilles d'une montre pour un œil placé sur la tangente positive. Donc $-\int_0^l \frac{d\theta}{dl}\,dl$ est la torsion totale de L, et en même temps, en vertu de l'éq. (12), l'expression d'une rotation qui fait passer la normale en A de sa première à sa dernière direction, C. Q. F. D.

Corollaire. *Pour qu'on puisse faire passer par* L *une surface* S *dont* L *soit une ligne de courbure et qui n'ait qu'une normale en un point particulier de cette ligne, il faut et il suffit que* $\Sigma(0, l)$ *soit un nombre entier d'hémisphères, ou, ce qui revient au même, que la torsion totale de* L *soit un nombre entier de circonférences.* Car il faut et il suffit que l'arc q du théorème 1 soit fermé, ou encore que la rotation qui amènera la normale en A de sa première à sa dernière direction soit un nombre entier de circonférences. Dès lors la surface aura une normale unique en chaque point de L.

Généralement, si la torsion totale $=\int^l \frac{d\theta}{dl}\,dl$ de L est une fraction irréductible $\frac{a}{n}$ de la longueur d'une circonférence 2π, toute surface S ayant L pour ligne de courbure aura, en chaque point de L, n normales équidistantes.

Remarque. En désignant par $\underline{l}$ la symétrique de l par rapport au centre de la sphère, les trois conditions suivantes sont identiques, pourvu que les tangentes positives en deux points symétriques soient dans le même sens :

1° L'éq. $\Sigma(\alpha, \underline{l}) = 0$ doit donner pour α un multiple de $\frac{1}{2}$;

2° $\Sigma(0, \underline{l})$ doit être un nombre entier de circonférences 2π,

3° $\Sigma(0, l + \underline{l})$ doit être un multiple de la sphère 4π;

$l + \underline{l}$ désignant le système des deux lignes fermées l et $\underline{l}$.

On a déjà remarqué l'identité des deux premières conditions, résultant de ce que la racine α est égale à $-\frac{\Sigma(0, l)}{4\pi}$. L'identité des deux dernières se voit par la formule $\Sigma(0, l + \underline{l}) = 4\underline{\alpha}\pi + 2\Sigma(0, l)$ déduite de l'éq. (8).

Théorème de Jacobi généralisé. *Si dans une sphère fixe on mène des rayons représentant les directions des normales principales d'une courbe fermée* L, *et si on appelle l la ligne sphérique fermée qui sera le lieu des extrémités de ces rayons, la fonction $\Sigma(0, l)$ sera un nombre entier d'hémisphères.* En effet, l est le lieu des extrémités des tangentes géodésiques de l'indicatrice sphérique de L terminées à 90° de leurs points de contact.

Théorème. III. *Étant donnée un aire courbe* S *dont la direction de la normale varie sans discontinuité, et dont on représente tous les points sur une sphère de rayon-unité en regardant comme correspondants deux points dont les normales extérieures ont la même direction ; si on donne pour coefficient à un point quelconque m de la sphère le nombre μ des points de l'aire* S *représentés par m, en affectant chaque point du signe de sa courbure ; et si on appelle* A, B, C,... *les aires séparées par la ligne sphérique fermée l, qui est la représentation du contour* L *de* S; *chaque aire aura tous ses points affectés d'un même coefficient α, β, γ,..., et deux aires séparées par un arc commun auront des coefficients différents d'une unité, le plus grand étant à droite de cet arc* (définition 9) ; *alors la courbure totale de l'aire* S *sera exprimée par l'intégrale suivante étendue à tous les éléments ds de la sphère*

$$\int \mu ds = \alpha A + \beta B + \gamma C + \ldots \tag{14}$$

On prendra pour normale extérieure de la sphère le prolongement de son rayon, et on choisira le sens du mouvement sur L, de manière qu'en un point de cette ligne sa tangente positive, le premier élément de la section que son plan normal fait dans l'aire S et la normale extérieure de S soient disposés comme les axes des x, des y et des z dans un système ordinaire.

Pour démontrer ce théorème, on remarquera d'abord que, si ds désigne l'élément de surface sphérique qui correspond à un élément dS de l'aire proposée, si deux points correspondants parcourent simultanément les contours de ces deux éléments, et si la rotation est positive autour de dS (définition 15); alors la rotation autour de ds aura toujours le signe de la courbure de dS dans les trois cas qui peuvent se présenter, et qui sont respectivement ceux où les deux courbures principales sont positives, ou négatives, ou de signes contraires. Donc la courbure de dS est positive ou négative, suivant que l'aire ds est à droite ou à gauche de son contour.

On voit immédiatement que la courbure totale de l'aire S est exprimée par l'intégrale $\int \mu ds$ étendue à tous les éléments de la sphère, et la question est ramenée à chercher comment varie μ quand le point m se déplace sur la sphère.

Soient M_1, M_2, M_3,... les différents points de l'aire S représentés par m, et soit K (fig. 5) le lieu des points de S où la courbure change de signe. Ce lieu est une ligne qui partage S en un nombre quelconque d'aires S_1, S_2, S_3,..., de manière que les courbures en deux points de S soient toujours de même signe quand ces deux points sont dans une même partie, et de signes contraires quand ils sont dans deux parties voisines. Chacune de ces parties ne peut renfermer qu'un seul des points M_1, M_2, M_3,..., et la ligne sphérique k qui représente K peut subdiviser les aires A, B, C,... en plusieurs autres A_1, A_2, A_3,..., B_1, B_2,..., C_1, C_2,... Si m se déplace dans une subdivision, chacun des points M se déplacera dans son aire S_1, ou S_2, ou S_3,..., sans que leur nombre ni leur signe puisse varier. Donc μ reste constant pourvu que m ne franchisse ni l ni k.

μ conserve aussi sa valeur quand m franchit k en un point non situé sur l. Car si on suppose, en premier lieu, que chaque élément PQ de l'arc de K qui sépare A_1 et A_2 soit tangent à une section principale, il rencontrera normalement une ligne de courbure P_1PP_2 du second système, ayant en P un point d'inflexion. C'est pourquoi, en désignant tout point de la sphère qui représente un point de la surface par la petite lettre de même nom, les deux éléments P_1P, PP_2, ayant leurs courbures de signes contraires, seront représentés sur la sphère par les deux éléments p_1p et pp_2 dirigés en sens contraires et normaux à k. Ils sont donc du même côté de cette ligne, et p_1 et p_2 sont dans la même subdivision A_1. Mais en déplaçant P sur K, on trouvera une position de l'arc PP_2 dont la représentation sphérique passe par p_1, et sur cette nouvelle position un nouveau point P_2 représenté par p_1. Ainsi p_1 représente deux points infiniment voisins de P dont le premier P_1 est dans S_1, et dont le second est dans S_2, de l'autre côté de la ligne K : ces deux points sont donc de signes contraires. Mais il est impossible qu'un point r, infiniment voisin de p dans la subdivision A_2, représente un point de S_1. Car si on prolongeait S_1 au delà de K, par une nappe T_1 ayant sa courbure de même signe que celle de S_1, cette nappe aurait un point R_1 représenté par r; donc r ne pouvant représenter qu'un seul point de l'aire S_1+T_1, dont tous les éléments ont leurs courbures de même signe, ne représente aucun point de S_1. Ce raisonnement s'applique à S_2, dont r ne peut représenter aucun point. Ainsi le point mobile m passant par p_1 représente dans S_1 et S_2 deux points qui se réunissent sur K et disparaissent quand m franchit k et passe dans A_2, et dans les autres aires S_3, S_4,... des points qui ne peuvent que se déplacer sans atteindre les contours de ces aires. Donc, les deux points qui s'évanouissent étant de signes contraires, μ ne change pas quand m franchit k.

Si on suppose, en second lieu (fig. 6), que l'élément PQ ne soit pas tangent à une section principale, les quatre lignes de courbure des points P et Q forment un rectangle OPRQ représenté sur la sphère par un rectangle concave *oprq*. Car, soient PO et RQ les éléments dont les courbures changent de signe aux points P et Q; supposons qu'elles passent par zéro. Ces éléments sont parallèles et de même sens, et leurs courbures sont infiniment petites et de signes contraires; donc *po* et *rq* sont parallèles, de sens contraires, et infiniment petits par rapport à *pq*; en sorte que les éléments *oq* et *pr*, qui leur sont respectivement perpendiculaires, sont tangents à k aux points p et q et du même côté de cette ligne. Donc deux points quelconques R et O de l'aire S, infiniment voisins l'un de l'autre et séparés par K, sont représentés sur la sphère par deux points r et o situés dans la même subdivision. On en conclut encore que μ ne change pas quand m franchit k.

Le cas où PQ ne serait pas tangent à une section principale, et où les courbures de PO et de RQ changeraient de signes aux points P et Q en passant par l'infini est impossible. Car il faudrait que les éléments *pr* et *oq* (fig. 6 *bis*) fussent infiniment petits par rapport à *rq* et à *po*, et que *po* et *rq* fussent dirigés en sens contraires; et on voit que ces deux conditions sont incompatibles.

Si le point *m* passe d'une subdivision dans une autre voisine en franchissant *l*, tous les points M se déplacent dans leurs subdivisions, excepté un seul dont dépend toute la variation de μ. Ce point M_1 franchit L, et s'il entre dans l'aire S, il s'introduit dans un élément dS; μ s'accroît d'une unité affectée du signe de la courbure de dS, par conséquent positive si dS est à droite de son contour ou de la ligne L, qui a avec ce contour un élément commun et parcouru dans le même sens en vertu du choix de la normale extérieure.

Donc, le coefficient μ est le même pour tous les éléments ds d'une même aire A, et varie d'une unité positive ou négative quand on franchit l'arc qui sépare deux de ces aires, suivant qu'on passe à sa droite ou à sa gauche. Dès lors l'intégrale $\int \mu ds$ étendue à tous les éléments de la sphère donne $\alpha A + \beta B + \gamma C + \ldots$, conformément à l'énoncé.

§ 2.

NOTIONS PRÉLIMINAIRES SUR LES SURFACES FERMÉES.

4. *Loi des coefficients des volumes séparés par une surface fermée.*

La normale extérieure étant choisie d'un côté arbitraire en un point particulier d'une nappe de surface, si la direction de cette normale varie suivant une loi continue en tous les points de la surface, elle y sera définie sans ambiguïté par la continuité : c'est-à-dire que si un point mobile décrit sur cette nappe une ligne fermée, sa normale extérieure se retrouvera nécessairement du même côté; car cette propriété, évidente pour une ligne fermée assez petite, le devient pour une ligne fermée quelconque, si on observe qu'elle peut s'obtenir en déformant la première sur la surface. On étend cette remarque à une surface dont la direction de la normale devient discontinue, en la regardant comme la limite d'une surface convenablement définie, et dont la direction de la normale ne présente de discontinuité en aucun point.

THÉORÈME IV. *Étant donnée une surface fermée* S *partageant l'espace en un nombre quelconque de volumes*

$$A, B, C, \ldots\ldots E,$$

dont le dernier E *s'étend à l'infini, on peut attribuer à ces différents volumes des coefficients respectifs*

$$\alpha, \beta, \gamma, \ldots\ldots \varepsilon,$$

de manière que les coefficients de deux volumes séparés par une aire commune diffèrent d'une unité, le plus petit algébriquement étant du côté extérieur par rapport à cette aire.

ε est arbitraire, et α, β, γ,... sont des fonctions de ε dont chacune n'a qu'une valeur. S'il y a des aires multiples, il faut modifier de la manière suivante la loi des coefficients.

Toutes les fois que deux volumes sont séparés par une aire multiple, la différence de leurs coefficients est égale à l'ordre de multiplicité, et le plus petit algébriquement est du côté où les normales extérieures sont en plus grand nombre.

En effet, supposons qu'il n'y ait pas de nappe multiple, prenons à volonté deux points fixes a et e dans les espaces A et E, et considérons le mouvement d'un point P qui va de e à a par un chemin déterminé. Donnons-lui le coefficient arbitraire ε au départ; en chacun des points

$$P_1, \qquad P_2, \qquad P_3, \ldots$$

où il traverse S, ajoutons à son coefficient une unité positive ou négative

$$h_1 = \pm 1, \quad h_2 = \pm 1, \quad h_3 = \pm 1, \ldots$$

suivant que c'est un point d'entrée ou de sortie, et attribuons à chaque volume ainsi traversé le coefficient du point mobile. Tout se réduit à prouver qu'il arrivera en a avec un coefficient

$$\alpha = \varepsilon + h_1 + h_2 + h_3 + \ldots \tag{15}$$

indépendant du chemin suivi quand on déforme ce chemin entre les deux points fixes e, a. Or un point d'entrée ou de sortie ne pourra que se déplacer sur S sans changer de nature, ou venir coïncider avec un autre d'espèce contraire, qui naîtra ou disparaîtra avec lui sans faire varier α.

Cette démonstration s'étend évidemment au cas d'une surface S qui aurait des nappes multiples, en la considérant comme la limite d'une surface fermée qui n'en a pas.

Le théorème s'étend au cas où S deviendrait un système de surfaces fermées ; les normales extérieures à chacune de ces surfaces peuvent être choisies indépendamment les unes des autres.

Théorème V. *Une ligne fermée* L *étant tracée sur une nappe* Λ *de surface quelconque, et partageant cette nappe en un certain nombres d'aires*

$$A, B, C, \ldots\ldots E,$$

dont la dernière est celle que n'enveloppe pas L *et qui s'étend à l'infini si la nappe est infinie, on peut attribuer à ces aires les coefficients respectifs*

$$\alpha, \beta, \gamma, \ldots\ldots \varepsilon,$$

de manière que les coefficients de deux aires diffèrent d'une unité toutes les fois qu'elles sont séparées par un arc commun, et que le plus petit algébriquement soit à gauche de cet arc.

Nous avons déjà vu comment il faudra généraliser cet énoncé dans le cas d'un arc multiple. ε est arbitraire, et $\alpha, \beta, \gamma, \ldots$ en sont des fonctions qui n'ont qu'une valeur. La démonstration est tout à fait analogue à celle du théorème IV. Les deux lois des coefficients des aires sphériques sont un corollaire de ce théorème, car $\alpha, \beta, \gamma, \ldots \varepsilon$ seront déterminés et n'auront qu'une valeur si on ajoute aux conditions de l'énoncé une équation du premier degré entre ces variables. Or la 2e loi consiste à ajouter l'équation $\alpha+\alpha'=0$, α et α' étant les coefficients des deux aires sphériques qui contiennent les extrémités d'un même diamètre.

Corollaire des théorèmes III et IV. Si on définit une ligne fermée L tracée sur une nappe de surface Λ par l'intersection de Λ avec une surface fermée S, et le sens positif sur L par la condition que la normale extérieure de A en un point particulier de L puisse venir coïncider avec la normale extérieure de S par une rotation positive < 180° autour de L; et si on donne aux volumes séparés par S des coefficients satisfaisant à la loi du théorème IV; il suffira ensuite de donner à chacune des aires séparés par L le coefficient du volume qui le contient pour satisfaire à la loi du théorème V.

En effet, la rotation positive autour de L qu'il faudra donner à la normale extérieure de A pour la faire coïncider avec la normale extérieure de S sera comprise entre les limites de 0° et 180° en tous les points de L, ou du moins ne sortira pas de ces limites. Cela est évident si elle n'atteint pas ces limites, c'est-à-dire si les deux surfaces A, S ne se touchent en aucun point. Si elles ont un ou plusieurs points de contact, on peut faire disparaître ceux-ci en donnant à A un mouvement infiniment petit, et la nouvelle intersection de A avec S jouit de la propriété énoncée. Pour un point de cette nouvelle intersection pris à une distance finie des anciens points de contact, la rotation en question est comprise entre les limites 0° et 180°, dont elle diffère d'une quantité finie. Mais cette rotation varie infiniment peu si on ramène A à sa première position, et reste ainsi comprise entre les mêmes limites. Or deux aires qui se touchent sont contenues dans deux volumes qui se touchent, et de ce qu'on vient de voir sur la position relative des normales extérieures il est facile de conclure que l'aire placée à gauche de l'arc de séparation est toujours dans le volume qui se trouve à l'extérieur de la nappe de séparation. Ce qui démontre le corollaire.

Ce corollaire conduit à la conséquence suivante.

Généralisation du théorème V. Déformons à la fois la surface A dans l'espace, et la ligne L sur A. On peut assujettir à la fois les coefficients de toutes les aires à satisfaire à la loi du théorème V pour toutes les positions de A, et le coefficient de chaque aire à garder sa valeur depuis l'instant où elle naît jusqu'à celui où elle disparaît. En sorte qu'il suffit de donner arbitrairement le coefficient de l'une de ces aires dans une position déterminée, pour que tous les autres aient une valeur unique dans une position quelconque.

Car il est facile de définir une surface S fixe et fermée dont une partie soit décrite par la déformation de L; et si on choisit pour sa normale extérieure en un point particulier d'une position particulière de L, celle avec laquelle on peut faire coïncider la normale extérieure de A par une rotation positive < 180° autour de L, la même condition sera remplie en tous les points de L pour la position particulière de cette ligne, et par suite pour toutes les autres. Alors il suffira de donner aux volumes séparés par S des coefficients satisfaisant à la loi du théorème IV, puis à chacune des aires mobiles le coefficient du volume dans lequel elle se trouve, pour satisfaire à toutes les conditions du théorème V généralisé.

Remarque. Il est évident que les coefficients de deux aires quelconques, pour deux positions quelconques de A, ont pour différence un nombre entier. Cette remarque nous sera utile. Appliquée aux aires sphériques, elle démontrera la périodicité des coordonnées fonctions du potentiel de Gauss.

5. *Sur la perspective sphérique* ($_a$S) *d'une surface fermée* S *vue d'un point* a.

Définition du nombre $\alpha - \varepsilon$ *des enroulements d'une surface fermée* S *autour d'un point* a *non situé sur* S. Si une surface fermée S partage l'espace en deux parties seulement A et E dont la seconde E s'étend à l'infini, nous dirons que cette surface ne fait pas d'enroulement autour des points de l'espace E, et qu'elle fait autour des points du volume A un enroulement positif ou négatif, suivant que le premier élément de sa normale extérieure est dans E ou dans A.

Généralement, si S partage l'espace en un certain nombre de volumes

$$A, B, C, \ldots\ldots E,$$

dont le dernier E s'étend à l'infini, et si on donne à chacun d'eux un coefficient

$$\alpha, \beta, \gamma, \ldots\ldots \varepsilon,$$

de manière que la loi du théorème III soit satisfaite, nous appellerons *nombres d'enroulements de* S *autour des points situés dans* A, B, C,...E *les nombres entiers*

$$\alpha - \varepsilon, \quad \beta - \varepsilon, \quad \gamma - \varepsilon, \ldots\ldots \varepsilon - \varepsilon = 0.$$

Théorème VI. *La perspective sphérique* $({}_aS)$ *d'une surface fermée* S *vue d'un point* a *non situé sur* S *a pour valeur* $4m\pi$, *en désignant par* m *le nombre entier* $\alpha - \varepsilon$ *des enroulements de* S *autour de* a.

En effet, si on appelle N la normale extérieure de S, dS un élément de cette surface, r la distance de a à dS, et (r, N) l'angle que fait N avec le prolongement de r au delà de S, la perspective sphérique de l'aire dS vue du point a sera donnée avec son signe (définition 16) par la formule

$$({}_a dS) = \frac{dS \cos(r, N)}{r^2}. \tag{16}$$

Supposons que la ligne ea, sur laquelle nous avons fait mouvoir le point P pour déterminer la valeur (15) de α, soit une droite comprise dans l'ouverture infiniment petite $d\sigma$ d'un cône ayant pour sommet le point a. On voit que les perspectives sphériques des éléments

$$dS_1, \qquad dS_2, \qquad dS_3, \ldots$$

que le cône intercepte sur S autour des points

$$P_1, \qquad P_2, \qquad P_3, \ldots$$

sont respectivement

$$({}_a dS_1) = h_1 d\sigma, \quad ({}_a dS_2) = h_2 d\sigma, \quad ({}_a dS_3) = h_3 d\sigma, \ldots,$$

et ont pour somme

$$(\alpha - \varepsilon)\, d\sigma$$

en vertu de la formule (15). L'intégrale de cette somme, étendue à tous les éléments d'une sphère de centre a et de rayon 1, est $4(\alpha - \varepsilon)\pi$. Donc

$$({}_a S) = 4m\pi \qquad m = \alpha - \varepsilon. \tag{17}$$

Expression de $({}_aS)$ *quand* a *est sur* S. Si a est un point ordinaire de S, la formule (15) devient

$$({}_a S) = 4m\pi \qquad m = \frac{\alpha + \beta - 2\varepsilon}{2} = \alpha - \varepsilon \pm \frac{1}{2}, \tag{18}$$

et si a est un point singulier de S, elle devient

$$({}_aS) = (\alpha - \varepsilon)A' + (\beta - \varepsilon)B' + (\gamma - \varepsilon)C' + \ldots \tag{19}$$

en désignant par

$$A, \quad B, \quad C, \ldots$$

ceux des volumes séparés par S qui touchent a, et dont le nombre surpasse 2 si a est un point multiple, par

$$\alpha, \quad \beta, \quad \gamma, \ldots$$

les coefficients de ces volumes, et par

$$A', \quad B', \quad C', \ldots$$

les aires sphériques correspondantes, c'est-à-dire les lieux géométriques des points d'une sphère de centre a et de rayon 1, où se terminent les rayons qui commencent respectivement dans

$$A, \quad B, \quad C, \ldots$$

Pour démontrer la formule (19), appelons

$$\Theta, \quad \Phi, \quad \Psi, \ldots$$

les cônes dont toutes les génératrices sont tangentes à S au point a, et dont les directrices sont les contours de

$$A', \quad B', \quad C', \ldots$$

et étendons à chacune des aires A', B', C',... l'intégration qu'on vient d'étendre à toute la sphère pour établir la formule (17), ce qui donne pour la somme des perspectives sphériques des aires comprises

$$\text{dans l'ouverture du cône} \left\{ \begin{array}{ll} \Theta & (\alpha - \varepsilon)A' = \alpha' A' \\ \Phi & (\beta - \varepsilon)B' = \beta' B' \\ \Psi & (\gamma - \varepsilon)C' = \gamma' C', \text{ etc.} \end{array} \right.$$

On épuise l'aire de S en ajoutant ces valeurs, et on trouve la formule (19). La formule (18) en résulte comme cas particulier, car le second membre de (19) se réduit à $(\alpha-\varepsilon)A'+(\beta-\varepsilon)B'$, A' et B' désignant deux hémisphères séparés par le plan tangent en a, et α, β les coefficients de deux volumes qui se touchent, la nappe commune passant par le point a.

Remarque. Les coefficients α', β', γ',... de la formule (19) sont soumis à la première loi des coefficients des aires sphériques A′, B′, C′,... car le lieu géométrique des rayons tangents à S au point a est un cône σ de sommet a, coupant la sphère de centre a et de rayon 1, suivant une ligne fermée $\boldsymbol{L}'$, qui se compose ordinairement d'un ou de plusieurs grands cercles, et qui sépare les aires sphériques A′, B′, C′,... Nous définirons la gauche de $\boldsymbol{L}'$ en la plaçant du côté extérieur du cône σ, et ce côté en le faisant coïncider avec le côté extérieur de S au point a, où les deux surfaces se touchent, et dès lors il est évident que la loi qui existe entre les coefficients α', β', γ',... et les volumes A, B, C,... aura lieu entre les mêmes coefficients et les aires sphériques A′, B′, C′,... qui correspondent à ces volumes.

6. *Discussion sur la normale extérieure d'une nappe de surface* S.

Supposons qu'on ait tracé sur cette nappe deux systèmes de lignes K et L′ dont les directions des tangentes varient sans discontinuité; soient dl et $d'l'$ les éléments positifs de ces deux lignes qui commencent en un même point A de S, et soit n la normale à S en ce point A dont le sens est déterminé par la condition que $d'l'$, dl et n soient disposés dans le même ordre que les axes des x, des y et des z. Nous serons conduits plus loin à choisir n pour la normale N; mais pour qu'on en ait le droit, il faut et il suffit qu'il n'existe sur S aucune ligne fermée H, telle que n change de sens quand on franchit cette ligne en marchant sur S; et comme le sens de n et le signe de $\sin(dl, d'l')$ ne peuvent changer l'un sans l'autre, on a, pour l'existence d'une ligne H, la condition nécessaire et insuffisante

$$\sin(dl,\ d'l') = 0. \tag{20}$$

Mais la surface S à laquelle nous allons appliquer cette discussion est engendrée par une ligne K qui se meut parallèlement à elle-même, de manière que tous ses points décrivent des courbes égales et parallèles L′, et nous allons voir que pour cette classe de surfaces il ne peut exister de ligne H. On n'a qu'une seule indicatrice sphérique l pour les tangentes positives de toutes les lignes K; on n'en a qu'une l' pour les tangentes positives de toutes les lignes L′, et une $\underline{l}'$ pour les tangentes négatives; car toutes les lignes K sont parallèles, ainsi que toutes les lignes L′. Dans ce mode de projection, un point quelconque A pris sur S est représenté sur la sphère par trois points a, a' et $\underline{a}'$ situés respectivement sur l, l' et $\underline{l}'$; et pour que ce point A satisfasse à l'équation (20), il faut et il suffit que a se confonde avec a' ou $\underline{a}'$, et par suite soit un point d'intersection de l avec l' ou $\underline{l}'$. Or, ces points d'intersection sont généralement isolés sur la sphère. Et comme chacun d'eux représente un seul point A, ou tout au plus en général des points isolés sur S, les points qui satisfont à l'équation (20) seront généralement isolés sur S, et dès lors toutes les normales n seront d'un même côté de cette surface.

Considérons le cas exceptionnel où l aurait un arc commun avec l' ou avec $\underline{l}'$. Alors il existe sur S une ligne qui satisfait à l'équation (20). Mais ce n'est pas une ligne H, car si on fait tourner L′ sans la déformer, soient L'_1, l'_1, $\underline{l}'_1$, S_1 et n_1, ce que deviennent L′, l', $\underline{l}'$, S et n. Il est évident que L′, l' et $\underline{l}'$ ont tourné du même angle θ, et on voit que, l n'ayant plus d'arc commun avec l'_1 ni avec $\underline{l}'_1$, S_1 n'a plus de ligne satisfaisant à l'équation (20). Donc toutes les normales n_1 sont du même côté de S_1. Mais si on fait converger θ vers zéro, les directions de ces normales auront pour limites les directions n. Donc celles-ci sont toutes du même côté de S, limite de S_1.

Il existerait encore sur S une ligne satisfaisant à l'équation (20) dans le cas exceptionnel de deux points a et a' ou a et $\underline{a}'$ coïncidant sur la sphère, et représentant deux portions rectilignes de K et de L′. Mais la rotation dont on vient de se servir fera disparaître aussi cette ligne.

Il résulte de cette discussion qu'il est toujours permis de définir la normale extérieure N par la ligne n pour toute surface S engendrée par une ligne quelconque K qui se meut parallèlement à elle-même.

§ 3.

DÉMONSTRATION ET INTERPRÉTATION D'UNE FORMULE DE GAUSS.

L'illustre auteur a donné sans démonstration la formule suivante :

$$(21) \qquad V = \iint' \frac{u}{r^3} = 4m\pi,$$

en posant pour abréger

$$(22) \quad u = (x'-x)(dzd'y'-dyd'z') + (y'-y)(dxd'z'-dzd'x') + (z'-z)(dyd'x'-dxd'y'),$$

$$(23) \qquad r = \sqrt{(x'-x)^2 + (y'-y)^2 + (z'-z)^2}.$$

Les intégrales $\int$ et $\int'$ s'étendent à tous les éléments de deux lignes fermées L et L' parcourues dans les sens positifs, qu'on suppose déterminés sur chacune d'elles, par deux points P et P', dont x, y, z et x', y', z' désignent respectivement les coordonnées rectilignes rapportées à des axes fixes rectangulaires, et dont la distance mutuelle r est prise en valeur absolue. Le facteur m, que Gauss appelle vaguement *le nombre des enroulements*, sans ajouter aucune explication, peut être interprété au moyen du théorème suivant :

7. Théorème VII. *La fonction* V *est identique avec la perspective sphérique d'une surface fermée auxiliaire* S *vue d'un point* O *pris arbitrairement sur* L.

Définition de la surface S *et du point* O. Soit S le lieu géométrique des sommets A (*fig.* 7) de tous les parallélogrammes OPP'A, dont le sommet O est fixe sur L, et dont les sommets P et P' sont mobiles sur L et sur L' et indépendants l'un de l'autre. On a, en vertu du théorème VII,

$$(24) \qquad V = ({}_0S).$$

Si au lieu de O on prenait un autre point O_1 sur S, il en résulterait pour un point quelconque de S un déplacement égal et parallèle à OO_1, et par suite une nouvelle surface S_1 formant avec O_1 une figure superposable à celle qui se compose de la surface S et du point O. Donc le nombre des enroulements de S autour de O est indépendant du choix de ce point sur L, et il en est de même de la perspective sphérique de S vue de O.

On peut voir de deux manières que la surface S est fermée, car si l'on construit la courbe K symétrique de L par rapport au milieu de la droite qui joint les deux points fixes O et O′ pris arbitrairement sur L et sur L′, l'une quelconque des deux lignes K et L′ engendrera S si on la fait mouvoir parallèlement à elle-même de manière que son point O′ décrive l'autre.

Pour démontrer la formule (24), soit $dS = ABCD$ l'élément de S dont les sommets sont définis au moyen des deux éléments positifs de L et de L′

$$dl = PQ \qquad d'l' = P'Q'$$

par les quatre parallélogrammes OPP′A, OQP′B, OPQ′D, OQQ′C.

On voit que les deux systèmes de lignes fermées K et L′ décomposent toute la surface S en éléments

$$dS = ABCD = dld'l' \sin(dl, d'l');$$

car $AB = dl$, $AD = d'l'$, et les tangentes positives des deux lignes du système K et du système L′ qui passent par le point A sont parallèles aux tangentes positives en P et en P′. Prenons-les en outre dans le même sens, et soit N la normale à S au point A, dont le sens est déterminé par la condition que les trois directions $d'l'$, dl et N soient disposées comme les axes des x, des y et des z. D'après ce qui a été dit sur le mode de génération de S, et d'après la discussion du n° 6, prenons N pour la normale extérieure à S, et la normale ainsi définie sera extérieure à S en tous les points de cette surface. Soit p la perpendiculaire abaissée du point O sur le plan tangent à S au point A, affectée du signe + ou du signe — suivant qu'elle a la direction de la normale extérieure N ou la direction contraire, et soit (r, N) l'angle des directions PP′ et N. Si l'on remarque que $OA = PP'$, on voit que p est donné avec son signe par la formule

$$p = r \cos(r, N), \tag{25}$$

et si l'on appelle a, b, c les cosinus des angles que fait p avec les axes, on a

$$p = a(x'-x)+b(y'-y)+c(z'-z) \quad adx+bdy+cdz=0 \quad ad'x'+bd'y'+cd'z'=0$$

$$\frac{dzd'y'-dyd'z'}{a} = \frac{dxd'z'-dzd'x'}{b} = \frac{dyd'x'-dxd'y'}{c}$$

$$= \pm\sqrt{(dzd'y'-dyd'z')^2+(dxd'z'-dzd'x')^2+(dyd'x'-dxd'y')^2} = \pm dS$$

$$= \frac{(x'-x)(dzd'y'-dyd'z')+(y'-y)(dxd'z'-dzd'x')+(z'-z)(dyd'x'-dxd'y')}{a(x'-x)+b(y'-y)+c(z'-z)} = \frac{u}{p}$$

$$u = \pm p dS. \tag{26}$$

Pour lever l'ambiguïté de signe de cette valeur, on observe que la valeur absolue de u ne change pas quand on donne aux trois lignes dl, $d'l'$, r un déplacement qui n'altère pas leurs positions relatives, et que, d'après la formule (22), sa valeur algébrique ne peut varier dans ce déplacement que d'une manière continue; donc le signe de u demeure invariable; mais si l'on rend $d'l'$ parallèle à l'axe des x et de même sens, r parallèle au plan des zx et $z'-z$ positif, on trouve

$$dy>0 \quad \text{et} \quad \cos(r,N)>0; \quad \text{d'où} \quad u=(z'-z)\,dyd'x'>0 \quad \text{et} \quad p>0.$$

Donc c'est toujours le signe + qu'il faut prendre dans la formule (26), et les expressions (25) et (26) donnent, en vertu de la formule (16),

$$\frac{u}{r^3} = ({}_0dS).$$

Dailleurs les éléments de l'intégrale (21) et ceux de la surface S se correspondent deux à deux; donc (21) devient (24).

8. *Discussion de la formule* (24), *ou interprétation du facteur* m *de la formule* (21).

1er CAS. L *et* L' *n'ont aucun point commun. Alors* S *ne passe pas par* O *et fait* m *enroulements autour de ce point.*

$$V = 4m\pi. \tag{27}$$

En effet, les deux lignes PP', OA, étant égales, ne peuvent pas s'annuler l'une sans l'autre. Donc la condition nécessaire et suffisante pour que L et L' aient un point commun, est que le point O soit sur S. Dans le cas actuel, O n'est pas sur S, et la formule (27) résulte des deux formules (24) et (17). L n'ayant aucun point sur S, m est le nombre des enroulements de S autour d'un point quelconque de L, car tous les points de L sont situés dans le même volume.

2° CAS. L *et* L' *se coupent en un point ordinaire de chacune d'elles* O', *et n'ont pas d'autre point commun. Alors* O *est situé en un point ordinaire de* S, *sur la nappe commune à deux volumes affectés des coefficients* α *et* $\alpha+1$.

$$(28) \qquad V = 4m\pi \qquad m = \alpha - \varepsilon + \frac{1}{2};$$

car on est dans le cas de la formule (18), en vertu de laquelle (24) devient (28).

3° CAS. L *et* L' *se touchent en un point ordinaire de chacune d'elles* O', *et n'ont pas d'autre point commun. Alors* $V = 4m\pi$, *et* m *est un multiple impair ou pair de* $\frac{1}{2}$, *suivant que le contact est d'un ordre pair ou impair*. En effet, faisons passer par le point O un plan quelconque Q (fig. 8), non parallèle à la tangente commune en O', et cherchons la section ab faite par ce plan Q dans la surface S. Un point quelconque a de S est défini par le parallélogramme OAA'a, A et A' étant deux points pris arbitrairement sur L et sur L'; et la condition pour que a soit dans le plan Q est que AA' soit parallèle à ce plan. Donc, si l'on transporte le plan Q parallèlement à lui-même de manière que son point O vienne en A, son point a viendra en A', c'est-à-dire que L' traversera au point a de la section ab le plan transporté de cette section. Et si l'on fait décrire au point O du plan Q transporté parallèlement à lui-même les deux arcs O'A, O'B portés sur L de part et d'autre de O', la ligne L', par son intersection avec le plan mobile, tracera sur lui les deux arcs Oa, Ob de la section cherchée qui se réunissent au point O. Or on sait par la théorie des contacts des courbes gauches que les droites Oa', Ob' qui touchent ces deux arcs au point O sont dans le prolongement l'une de l'autre ou coïncident suivant que l'ordre du contact de L et de L′ est pair ou impair. Ainsi, toute section plane *ab* faite dans S par un plan Q qui passe par O sans être parallèle à la tangente commune en O′ a au point O une tangente unique *a′b′*. Donc S n'a au point O qu'un plan tangent parallèle à cette tangente commune.

Si le contact est d'ordre pair, le cône σ, lieu de toutes les tangentes O*a′*, O*b′* qu'on peut mener à S par le point O, et qui sépare les aires sphériques de la formule (19), n'est autre chose que le plan tangent, et recouvre toutes les parties de ce plan par ses génératrices. C'est le cas de la formule (18), lequel conduit comme dans notre 2e cas, à la formule (28).

Si le contact est d'ordre impair, toutes les génératrices du cône σ sont doubles, et ne recouvrent qu'une moitié du plan tangent à S au point O, cette moitié étant limitée par une parallèle à la tangente commune en O′. Le cône σ est infiniment aplati et sépare les deux aires $A' = 4\pi$, $B' = 0$, qui introduites dans la formule (19) donnent $V = 4(\alpha - \varepsilon)\pi$, comme si le point O était dans l'intérieur du volume A affecté du coefficient α. La figure de S dans le voisinage du point O est celle d'un tranchant infiniment aigu au seul point O, et pénétrant dans le volume A.

4e CAS. L *et* L′ *ont plusieurs points communs. Dans ce cas,* $V = 4m\pi$, m *désignant un multiple de* $\frac{1}{2}$. Car à chaque point commun I correspond une nappe de S passant par le point O. Les deux cas qui précèdent font connaître le cône lieu de toutes les tangentes à S que l'on peut mener à cette nappe par le point O. C'est tantôt la totalité, tantôt la moitié du plan unique qui touche en O la nappe correspondante au point I. Le système de ces cônes partiels constitue le cône σ qui sépare sur la sphère de centre O et de rayon 1 les aires sphériques A′, B′, C′,... de la formule (19), et V est l'expression $({}_0S)$ que donne cette formule. Donc V peut se calculer par la formule (7) en posant $V = \Sigma(\alpha - \varepsilon, L')$, et prenant pour L_1, L_2, L_3,... les intersections des cônes partiels avec la sphère, dont chacune L_h fait prendre à $\Sigma(0, L_h)$ l'une des trois valeurs $\pm 2\pi$ et 0. Donc le second membre de la formule (7) est une somme de multiples de 2π, ce qui démontre que V est un multiple d'un hémisphère.

9. *Examen de la formule* (24) *quand les deux lignes fermées* L *et* L′ *se confondent.*

L'identité (24) a toujours lieu, mais il s'agit d'interpréter $({}_0S)$.

Si l'on appelle l *et* $\underline{l}$ (notation 19) *les deux indicatrices sphériques de* L′, *et* A′,B′,C′,.. *les aires séparées par le système* $l + \underline{l}$, *on aura*

$$V = \alpha' A' + \beta' B' + \gamma' C' + \ldots \tag{29}$$

α', β', γ',... *étant des nombres entiers qui satisfont à la première loi du n° 1, et qui sont égaux deux à deux dans les aires symétriques.*

Cet énoncé suppose que le sens positif qui définit la gauche de l est celui dans lequel se déplace l'extrémité d'un rayon de la sphère dirigé dans le sens de la tangente positive à L, quand le point de contact parcourt L′ dans le sens positif. et que la tangente positive qui définit la gauche de $\underline{l}$, en un point de cette ligne, est dirigée dans le même sens que la tangente positive au point symétrique de l.

Pour démontrer (29), il faut remarquer (*fig.* 7) que le lieu des points A,

quand $\left\{\begin{matrix}P'\\P\end{matrix}\right\}$ reste fixe, est une génératrice du système $\left\{\begin{matrix}K,\\L',\end{matrix}\right\}$ et que sa tangente positive $\left\{\begin{matrix}T\\T'\end{matrix}\right\}$ a pour direction celle de la tangente positive en $\left\{\begin{matrix}P\\P'\end{matrix}\right\}$ à la ligne $\left\{\begin{matrix}L\\L'\end{matrix}\right\}$.

On en conclut, quand les deux lignes L et L′ coïncident,

1° *Que toutes les génératrices du système* K *passent par le point* O, *et que leurs tangentes y sont parallèles à toutes les tangentes de* L.

Car, quand le point P′ reste fixe, et que le point P décrit L et passe par P′, le point A décrit la génératrice K qui correspond à P′, et passe par O. Donc à chaque point P′ pris sur L′ correspond une génératrice K, qui passe par le point O, et dont la tangente positive en ce point a pour direction celle de la tangente positive en P′ à L.

2° *Que la surface* S *a le point* O *pour centre.*

Car, si l'on place arbitrairement P et P′ en deux points p et p' (*fig.* 9) des deux lignes qui coïncident, le parallélogramme $Opp'a$ donnera un point quelconque a de la surface S; mais en plaçant P et P′ aux deux points p' et p, le parallélogramme $Op'pb$ donnera un second point b de cette surface, et l'on voit que la droite ab a son milieu au point O.

3° *Que les coefficients de deux volumes symétriques sont égaux.*

Car si on désigne les normales extérieures à S en a et b par N_a et N_b, et les tangentes positives aux deux génératrices

		du système K	et du système	L′
au point a	par	T_a	et	T'_a
. . . . . b	. . . .	T_b	et	T'_b

on voit que T_b et T_b' sont respectivement parallèles à T_a' et à T_a, et dirigées toutes deux dans le même sens ou toutes deux en sens contraires, suivant que L et L′ sont parcourues dans le même sens ou en sens contraires. Or, par définition, T_a', T_a et N_a, ainsi que T_b', T_b et N_b, sont disposées comme les axes des x, des y et des z; donc N_a et N_b sont parallèles et de sens contraires, et si deux points se meuvent de manière que la droite qui les joint ait toujours son milieu au point O, ils traverseront toujours S en même temps, soit en deux points d'entrée, soit en deux points de sortie. Or, a et b sont dans deux volumes symétriques A et B affectés des coefficients α et β, et si l'un des deux points mobiles symétriques va de a à b, l'autre ira de b à a, les variations successives des coefficients des volumes qu'ils traversent étant toujours simultanées et toujours égales. Donc les sommes $\beta-\alpha$ et $\alpha-\beta$ de ces variations sont égales, d'où $\alpha=\beta$.

Ces trois propriétés de la surface S démontrent la relation (29). En effet, O étant un point multiple de cette surface, V sera donné par la formule (19), et la ligne fermée $\mathcal{L}'$, définie dans la remarque qui suit cette formule, se composera des deux lignes l et $\underline{l}$, en sorte que les aires sphériques A′, B′, C′,.. sont symétriques deux à deux par rapport au centre de la sphère. Si donc on prend dans deux aires symétriques deux points diamétralement opposés, les rayons terminés en ces deux points commenceront dans deux volumes symétriques, qui donnent aux deux aires leurs coefficients diminués de ε. Les tangentes positives de l et de $\underline{l}$ sont de même sens en deux points symétriques, parce que la normale extérieure à S en un point mobile sur une génératrice K change de sens quand ce point passe par O ; et on vérifie que le sens du mouvement qui doit définir la gauche de l est conforme à l'énoncé en supposant p' infiniment voisin de p, et examinant successivement les deux cas où L' est parcourue dans le même sens que L et en sens contraire.

Si le système des deux lignes l et $\underline{l}$ avait des arcs multiples, on voit comment il faudrait généraliser l'énoncé. Les courbes planes en offrent un exemple : $V = \alpha' A' + \beta' B'$; A' et B' sont deux hémisphères et $\alpha' = \beta' = 0$. Car on voit directement, sans recourir à la formule (29), que S étant une surface infiniment aplatie, située dans le plan de la courbe, sa perspective sphérique, quand on la regarde du point O, est identiquement nulle. Cette valeur $V = 0$ se déduit d'ailleurs immédiatement de la formule (21), en rendant le plan de la courbe parallèle à celui des xy.

Théorème VIII. *Quand on étend l'intégrale double* (21) *à tous les éléments de deux lignes fermées confondues dans une seule* L, *la formule de Gauss* $V =$ *un multiple de la sphère exprime la condition nécessaire et suffisante pour qu'il existe une surface ayant* L *pour ligne de courbure, et ayant une seule normale en chaque point de* L.

Dans ce cas, l'intégrale double (21) varie suivant une loi continue quand on déforme L, et comme les coefficients de la formule (29) sont des nombres entiers, le théorème VIII est une conséquence immédiate du corollaire du théorème II énoncé au moyen de la 3e condition relative à la fonction $\Sigma(0, l + \underline{l})$, remarquée à la suite de ce corollaire.

§ 4.

PREMIÈRE MÉTHODE POUR L'ÉTUDE DU POTENTIEL DE GAUSS.

10. *Expression de* V *en fonction des aires sphériques.*

Soient L et L' deux courbes fermées qui ne se rencontrent pas, parcourues chacune dans un sens déterminé que nous appellerons le sens positif, par deux points M et M', dont x, y, z et x', y', z' désignent les coordonnées rectangulaires, et dont la distance r est prise en valeur absolue. Soient $OM=l$ et $O'M'=l'$ deux arcs positifs comptés sur ces deux lignes à partir de deux points fixes O et O'. Distinguons par un accent les symboles relatifs à L'. Le potentiel introduit par Gauss dans l'électrodynamique est

$$(30)\quad V=\iint_{l\,l'}\frac{(x'-x)(dzd'y'-dyd'z')+(y'-y)(dxd'z'-dzd'x')+(z'-z)(dyd'x'-dxd'y')}{[(x'-x)^2+(y'-y)^2+(z'-z)^2]^{\frac{3}{2}}}$$

Posons

$$(31)\quad d\sigma=\frac{(x'-x)(dzd'y'-dyd'z')+(y'-y)(dxd'z'-dzd'x')+(z'-z)(dyd'x'-dxd'y')}{[(x'-x)^2+(y'-y)^2+(z'-z)^2]^{\frac{3}{2}}}.$$

Soit p la perpendiculaire commune aux tangentes des points M et M' qui va de la première à la seconde, et soient a, b, c les cosinus des angles qu'elle fait avec les axes. On a

$$p=a(x'-x)+b(y'-y)+c(z'-z)\quad adx+bdy+cdz=0\quad ad'x'+bd'y'+cd'z'=0,$$

et on trouve, en reproduisant le calcul qui a donné la formule (26),

$$(32)\qquad d\sigma=\pm\frac{p}{r}\frac{dld'l'\sin(dl,\,d'l')}{r^2},$$

dl et $d'l'$ désignant les deux éléments de L et de L' qui commencent aux points M et M'. Si on construit un parallélogramme sur $d'l'$ et sur le symétrique de dl par rapport au milieu de MM', on voit que $dld'l'\sin(dl,d'l')$ sera l'aire de ce parallélogramme, et que $d\sigma$ sera au signe près (définition 16) la perspective sphérique de ce parallélogramme vu du point M. On trouvera ce signe en observant que la valeur absolue de $d\sigma$ ne change pas, en vertu de la formule (32), quand on donne aux trois lignes dl, $d'l'$, MM', un déplacement qui n'altère pas leurs positions relatives; et par la formule (31) que sa valeur algébrique ne peut varier dans ce déplacement que d'une manière continue. Or on peut effectuer ce déplacement de manière à obtenir $x'-x=0$, $y'-y=0$, $z'-z>0$, $d'y'=0$, $d'x'>0$, ce qui donne $d\sigma=\frac{(z'-z)dyd'x'}{r^3}$. Donc $d\sigma$ a le signe que prendra dy dans cette position de la figure, c'est-à-dire le signe + quand l'élément $d'l'$, le symétrique de dl, et le prolongement de MM' au delà de M' sont disposés dans le même ordre que les axes des x, des y et des z, et le signe — dans le cas contraire. Donc, si on décompose la sphère en parallélogrammes infiniment petits par les deux systèmes des perspectives sphériques directes (définition 10) $({}_{M}L')$ et des perspectives sphériques inverses $(L_{M'})$ de chacune des deux lignes L et L' vue des différents points de l'autre, on voit que $d\sigma$ est l'aire du parallélogramme sphérique construit sur $({}_{M}d'l')$ et $(dl_{M'})$ (notation 10); et comme ces deux éléments sont disposés par rapport au prolongement du rayon de la sphère auxiliaire (S') (définition 2) dans le même ordre que l'élément $d'l'$ et le symétrique de dl par rapport au prolongement de MM' au delà de M', il s'ensuit que $d\sigma$ est négatif ou positif suivant qu'il est à droite ou à gauche de $({}_{M}S')$. Donc

$$(33) \qquad \frac{dV}{dl}\,dl = (dl_{M'}) \int_{\overline{L'}} ({}_{M}d'l') \sin[(dl_{M'}),\ ({}_{M}d'l')]$$

représente l'aire décrite sur la sphère par $({}_{M}L')$ *quand le point* M *décrit* dl, si on convient d'affecter chaque parallélogramme $d\sigma$ décrit par un élément $({}_{M}d'l')$ du signe — ou du signe + suivant qu'il est à droite ou à gauche de $({}_{M}L')$ au commencement du mouvement du point M.

Posons

$$(34) \qquad v = \alpha A + \beta B + \gamma C + \ldots,$$

A, B, C,... désignant les aires sphériques séparées par $({}_{M}L')$ et α, β, γ,... des coefficients dont le premier est arbitraire, et dont les autres sont des fonctions de α définies par la première loi des coefficients des aires sphériques, et assujettis, ainsi que α, à la condition qu'aucun coefficient ne varie depuis la naissance jusqu'à l'évanouissement de l'aire qui en est affectée : il résulte d'ailleurs de la généralisation du théorème V que ces conditions sont compatibles, et définissent parfaitement la fonction v de l. Il est facile de voir que cette fonction a pour différentielle l'expression (33), en remarquant que les aires A, B, C,... sont décomposables en parallélogrammes $d\sigma$ de la manière suivante :

$A = a + a' + a'' \ldots$, $B = b + b' + b'' + \ldots$; d'où $v = \alpha a + \alpha a' + \alpha a'' + \ldots + \beta b + \beta b' + \beta b'' + \ldots$;

et que, quand M décrit dl, les coefficients des parallélogrammes $d\sigma$ qui recouvrent toute la sphère gardent leurs valeurs, excepté ceux de la file comprise entre les perspectives sphériques directes de L′ vue successivement des deux extrémités de dl : ces coefficients diminuent ou augmentent d'une unité, suivant que leurs parallélogrammes étaient d'abord à droite ou à gauche de $({}_{M}L')$; donc

$$\frac{dV}{dl} dl = \frac{dv}{dl} dl; \tag{35}$$

et en intégrant de 0 à l, et observant que la fonction V est nulle à la première de ces limites :

$$V = v(l) - v(0). \tag{36}$$

Donc v désigne, par rapport à la variable l, l'intégrale indéfinie de la fonction dont V est l'intégrale définie. Il résulte d'ailleurs de la formule (4) que V est aussi une expression de la forme (34), car en diminuant α, β, γ,... de $\frac{v(0)}{4\pi}$, $v(l)$ devient V.

11. *Démonstration de deux propriétés fondamentales de la fonction* V.

Quand on déforme la ligne d'intégration l *entre les deux points fixes* M_0 *et* M,

1° *La fonction* V *ne varie pas tant que* l *ne rencontre pas* L′.

La transformation géométrique qui a donné la formule (34) est permise tant que le dénominateur de (32) ne devient nul en aucun point de l, c'est-à-dire tant que cet arc ne rencontre pas L′. Si donc on déforme l entre les deux points fixes M_0 et M sans lui faire rencontrer L′, la formule (36) a lieu pour toutes les figures successives de cet arc. Soient l et l_1 deux quelconques de ces figures, et posons

$$v(l_1) = \alpha_1 A + \beta_1 B + \gamma_1 C + \ldots$$

On aura

$$V(l) - V(l_1) = v(l) - v(l_1) = (\alpha - \alpha_1) A + (\beta - \beta_1) B + \ldots$$

et en vertu des formules (1) et (2)

$$V(l) - V(l_1) = 4(\alpha - \alpha_1)\pi. \tag{37}$$

Donc si on déforme l et l_1 entre les deux points fixes M_0 et M, la différence $\alpha - \alpha_1$ varie d'une manière continue. Ce nombre continu est entier, parce que $\alpha - \alpha_0$ et $\alpha_1 - \alpha_0$ sont deux nombres entiers, d'après la remarque faite à la fin du n° 4; donc il est fixe. Mais il est nul si l_1 devient l. Donc $\alpha = \alpha_1$ et $V(l) = V(l_1)$, c'est-à-dire que V ne varie pas dans la déformation. Ainsi V ne dépend que des coordonnées M_0 et du point M; et si, M_0 restant fixe, on déplace M dans l'espace, V devient une fonction des trois variables indépendantes x, y, z, qui définit un système de surfaces $V =$ constante. D'ailleurs, cette propriété de V peut se démontrer directement au moyen du lemme suivant :

Lemme. Soit l un arc quelconque joignant deux points de l'espace, M_0 et M, et à tous les éléments duquel on étend l'intégrale

$$V = \int_l A dx + B dy + C dz, \tag{38}$$

A, B, C désignant trois fonctions quelconques de x, y, z. Soient x_0, y_0, z_0 et X, Y, Z les coordonnées des points M_0 et M. Supposons qu'on déforme l entre ces deux points fixes, et que, pour toutes les figures successives de cette ligne, les trois fonctions A, B, C restent finies, continues, et n'aient qu'une seule valeur. Alors la condition nécessaire et suffisante pour que V soit indépendante de la figure de l, et fonction de x_0, y_0, z_0, X, Y, Z seulement, est qu'il existe une fonction des trois variables indépendantes x, y, z dont $Adx + Bdy + Cdz$ soit la différentielle exacte, c'est-à-dire que l'on ait les trois identités

$$\frac{dB}{dz} = \frac{dC}{dy} \qquad \frac{dC}{dx} = \frac{dA}{dz} \qquad \frac{dA}{dy} = \frac{dB}{dx}. \tag{39}$$

Ce principe se démontre avec la plus grande simplicité par le calcul des variations. Il a lieu, même avec des coordonnées curvilignes. Soit

$$
(40)\quad \left\{
\begin{aligned}
A &= \int_{\overline{L'}}' \frac{(y'-y)\,d'z' - (z'-z)\,d'y'}{r^3},\\
B &= \int_{\overline{L'}}' \frac{(z'-z)\,d'x' - (x'-x)\,d'z'}{r^3},\\
C &= \int_{\overline{L'}}' \frac{(x'-x)\,d'y' - (y'-y)\,d'x'}{r^3};
\end{aligned}
\right.
$$

la fonction (30) prend la forme (38), et A, B, C représentent des fonctions de x, y, z qui sont finies, continues et n'ont qu'une seule valeur tant que le dénominateur r^3 ne s'annule en aucun point de L', c'est-à-dire pour tout point (x, y, z) non situé sur L'. Donc la fonction (30) satisfait à toutes les conditions du lemme, quand on déforme l entre les deux points fixes M_0 et M sans lui faire rencontrer L'. Mais on a démontré qu'elle conserve une valeur invariable dans cette déformation : donc les trois identités (39) ont lieu.

Inversement, on vérifiera les identités (39) par la différentiation sous le signe $\int'$, et on en déduira en vertu du lemme la 1re propriété fondamentale $V(l) = V(l_1)$.

Corollaire. On a

$$
(41)\qquad \frac{dV}{dx} = A \quad \frac{dV}{dy} = B \quad \frac{dV}{dz} = C,
$$

et on vérifiera, par la différentiation sous le signe $\int'$, l'identité

$$
(42)\qquad \frac{dA}{dx} + \frac{dB}{dy} + \frac{dC}{dz} = 0,
$$

et si on l'écrit sous la forme

$$
(43)\qquad \frac{d^2V}{dx^2} + \frac{d^2V}{dy^2} + \frac{d^2V}{dz^2} = 0,
$$

on voit que V est un potentiel.

2° *La fonction* V *perd la valeur* $\pm 4\pi$ *quand* l *franchit* L', *et le signe de cette variation est celui de la rencontre, qui se définit de la manière suivante :*

Définition. Si deux droites, sur lesquelles les sens positifs sont déterminés, sont animées d'un mouvement relatif en vertu duquel l'une franchit l'autre en un point I, nous dirons qu'elles présentent en ce point une rencontre positive ou négative suivant le signe de la rotation (définition 14) qu'exécute autour de l'une d'elles, immédiatement avant la rencontre, un point qui parcourt l'autre dans le sens positif. Et si deux courbes sont animées d'un mouvement relatif en vertu duquel l'une franchit l'autre en un point I, nous appellerons signe de la rencontre des deux courbes au point I le signe de la rencontre des tangentes positives aux deux points qui viennent passer ensemble par I.

Démonstration. Supposons que l devienne la ligne fermée L qui ne rencontre pas L'. Si L se transforme dans une nouvelle ligne fermée L_1 sans rencontrer L', et si un point quelconque de L décrit, en vertu de la déformation, la trajectoire aa_1, le lemme de la page 47, appliqué à la ligne L, dont les deux extrémités sont réunies au point fixe a, et qui devient $aa_1 + L_1 + a_1a$, donnera $V(L) = V(aa_1 + L_1 + a_1a) = V(aa_1) + V(L_1) + V(a_1a)$; ou, en observant que $V(aa_1) + V(a_1a) = 0$, $V(L) = V(L_1)$.

Mais l'intégrale (30) est indépendante de l'ordre des intégrations, et symétrique par rapport à x, y, z, et à x', y', z'. Donc, quand on l'étend à deux lignes fermées, elle ne change pas si l'une quelconque de ces deux lignes se déforme sans rencontrer l'autre, et par suite si toutes deux se déforment à la fois sans se rencontrer.

Or, si L' devient une circonférence dont le cercle soit traversé en un seul point I' par L, l'aire décrite sur la sphère auxiliaire par $({}_M L')$ quand le point M fait le tour de L dans le sens positif est égale à l'aire totale de la sphère affectée du signe de la rotation de L' autour de la tangente positive en I'. Mais on peut, sans que les deux lignes se rencontrent, transformer L' dans une ligne fermée quelconque, et L dans une circonférence H dont le cercle soit traversé par L' en un seul point I. Alors V ne changera pas, et H fera autour de la tangente positive en I une rotation de même signe que la première; on aura donc $V(H) = \pm 4\pi$, le signe étant celui de cette nouvelle rotation.

Cela posé, si l se déforme entre les deux points fixes M_0 et M et franchit L' en un point I, on peut transformer sa figure avant le passage dans une petite circonférence H dont L' traverse le cercle au seul point I, et dans sa figure l_1 après le passage, qu'on a détachée de H pour continuer à la déformer. On obtient ainsi, en déformant l sans lui faire rencontrer L', la figure l_1 + H. Donc $V(l) = V(l_1) + V(H)$, ou

$$V(l) = V(l_1) \pm 4\pi, \tag{44}$$ C. Q. F. D.

Corollaire. *Si l'on prend arbitrairement deux nouvelles fonctions* U *et* W *de* x, y, z, *en sorte que* U, V *et* W *forment dans l'espace un système de trois coordonnées curvilignes;* x, y, z *seront des fonctions périodiques de* V, *ayant* 4π *pour période.* En effet, soit l_1 une ligne particulière et l une ligne quelconque allant toutes deux de M_0 à M sans rencontrer L'. En déformant l_1 entre les deux points fixes M_0 et M, on peut toujours lui donner la figure l. La fonction V ne variant pas quand la ligne d'intégration ne rencontre pas L', et variant de $\pm$ 4π chaque fois qu'elle la franchit, sa variation totale sera un multiple de 4π. Donc la valeur la plus générale de $V(l)$, dont $V(l_1)$ n'est qu'une expression particulière, est

$$V(l) = V(l_1) + 4m\pi, \tag{45}$$

m désignant un nombre entier. Cette formule exprime la propriété énoncée.

D'ailleurs (45) résulte immédiatement de la formule (27) appliquée à la ligne fermée $l - l_1$, qui se compose de l'arc l et de l'arc l_1 parcouru de M à M_0, ce qui donne $V(l - l_1) = 4m\pi$. Or $V(l) = V(l_1) + V(l - l_1)$, et on retrouve ainsi la formule (45).

12. *Seconde démonstration de la formule* $V(L) = 4m\pi$ *pour le cas où* L *ne rencontre pas* L', *et seconde interprétation de* m.

En déformant la ligne fermée L et lui faisant traverser L' un nombre de fois suffisant, on peut toujours la réduire à un point, et alors V(L) devient 0. Mais V(L) ne varie qu'à chaque rencontre I de L avec L'. Donc sa valeur initiale V(L) est la somme algébrique des valeurs $\pm 4\pi$ perdues en ces différents points I, c'est-à-dire $4m\pi$; donc

$$V(L) = 4m\pi = \Sigma V(H), \tag{46}$$

m désignant le nombre des points de rencontre I, pris avec leurs signes, et ΣV (H) la somme des valeurs que prend la fonction (30) quand on remplace successivement l par chacune des circonférences H décrites autour des points I et parcourues dans les sens indiqués par les signes des rencontres.

Cette nouvelle interprétation de m conduit à la suivante, qui n'est qu'une généralisation de celle que j'ai donnée en 1868.

Si l'on fait passer par tous les points de L′ une surface fermée ou infinie A à une seule nappe et d'ailleurs indéterminée, de manière qu'elle soit partagée par L′ en un nombre quelconque d'aires

$$A, B, C, \dots,$$

si l'on affecte ces aires de coefficients

$$\alpha, \beta, \gamma, \dots$$

satisfaisant à la première loi du n° 1, et si l'on regarde chaque intersection de L avec A comme positive ou comme négative, suivant que L passe du côté de l'œil ou du côté opposé, on aura

$$m = \alpha a + \beta b + \gamma c + \dots, \tag{47}$$

en désignant par

$$a, b, c, \dots$$

les nombres d'intersections de L avec les aires

$$A, B, C, \dots$$

En effet, si L se déforme en restant fermée, $\alpha a + \beta b + \dots$ ne change pas tant que L et L′ ne se rencontrent pas, car un point d'intersection de L avec A ne peut que se déplacer dans son aire sans changer de signe, ou venir se confondre avec un autre de la même aire et de signe contraire qui naît ou disparaît avec lui, sans faire varier $\alpha a + \beta b + \dots$; on peut d'ailleurs éviter de placer ces points de contact sur L′. Lorsque L franchit L′ en un point I, on peut aussi éviter de prendre pour I un point multiple de

A, et on reconnaît que $\alpha a + \beta b + \ldots$ perd une unité de même signe que la rencontre. Supposons que L′ se réduise ainsi à un point non situé sur A : tous les points d'intersection auront disparu, et l'expression $\alpha a + \beta b + \ldots$ s'annulera. Donc sa valeur initiale que nous cherchons est la somme des valeurs qu'elle a perdues, c'est-à-dire le nombre m des rencontres prises avec leurs signes.

Remarque. Il est facile de voir que la nouvelle interprétation de m s'accorde avec celle qui a été donnée dans le premier cas du n° 8. Car, si L se réduit à une ligne fermée infiniment petite, et infiniment voisine d'un point situé à une distance finie de L′, la surface auxiliaire S se réduit à un filet infiniment voisin de L′, qui ne fait pas d'enroulement autour d'un point O, pris arbitrairement sur L, et les deux interprétations donnent $m = 0$. Si L se déforme de manière à devenir une ligne quelconque, S prend une déformation correspondante. Tant que L ne rencontre pas L′, tous ses points restent compris dans l'espace E qui s'étend à l'infini, et les deux interprétations ne cessent pas de donner $m = 0$. Chaque fois que L franchit L′, tous les points de L passent à la fois dans un nouveau volume en traversant S ; soient I et I′ les points de ces deux lignes qui viennent coïncider, dl et dl' les éléments positifs qui commencent en ces deux points : si la rencontre est positive, dl', dl et II′ sont disposés, avant qu'elle ait lieu, dans le même ordre que les axes des x, des y et des z. D'après le choix qui a été fait au n° 7 de la normale extérieure à S, le point I est du côté intérieur de la nappe de S qu'il va traverser. Donc, le nombre des enroulements de S autour de ce point va diminuer d'une unité. D'ailleurs, tous les points de L traversent S en même temps, et se retrouvent dans un nouveau volume dont le coefficient est inférieur d'une unité à celui de l'ancien. En même temps V(L) perd la valeur $V(H) = 4\pi$ qui se rapporte à la circonférence H et qui a le signe + de la rencontre. On voit donc que les deux nombres qui ont été donnés pour m ne peuvent pas varier l'un sans l'autre, et diminuent en même temps d'une unité pour une rencontre positive. On verra pareillement qu'ils augmentent d'une unité pour une rencontre négative ; et comme leurs valeurs initiales sont zéro, leurs valeurs simultanées ne cesseront jamais de s'accorder.

Troisième démonstration de la formule $V(L) = 4m\pi$ *au moyen de la première loi des coefficients des aires sphériques.* Supposons que L et L′ ne se rencontrent pas, et soit M un point mobile sur L dans le sens positif, partant de M_0 et revenant en ce point. La ligne $({}_{M_0}L')$ (notation 10) redevient la même et sépare sur la sphère les mêmes aires affectées de coefficients qui, d'après la remarque faite à la fin du n° 4, sont égaux aux anciens augmentés d'un même nombre entier $m = \Delta\alpha$. Donc, en vertu des formules (4) et (36), $V(L) = 4m\pi$. Mais pour que cette formule puisse servir à démontrer la périodicité et la valeur 4π de la période, il reste à prouver que m peut différer de zéro et être un nombre entier quelconque.

Considérons pour cela le cylindre L'_z qui a pour directrice L′ et dont les génératrices sont parallèles à l'axe des z, et prenons pour sa région extérieure la gauche d'un observateur qui parcourrait L′ dans le sens positif, la tête tournée vers les z positifs. La ligne $({}_{M}L')$, en se déformant sur la sphère auxiliaire dans le mouvement du point M, franchit l'extrémité ζ du rayon parallèle à l'axe positif des z chaque fois que le point M traverse la partie inférieure de L'_z, c'est-à-dire celle qui est dirigée vers les z négatifs et qui se termine à L′; et alors le pôle ζ se trouve dans une nouvelle aire dont le coefficient est supérieur ou inférieur d'une unité au coefficient de l'ancienne, suivant que le point M entre ou sort. Cette loi serait évidemment renversée si l'on considérait le pôle ζ' opposé à ζ et la partie supérieure du cylindre. Donc, si l'on adopte la notation suivante pour représenter les nombres de points où M, parcourant la ligne L tout entière, traverse L'_z

	dans la partie inférieure,	dans la partie supérieure,
en entrant.	E_n,	E_p,
en sortant.	S_n,	S_p;
les coefficients.	α,	α'

des aires qui contiennent les pôles ζ et ζ' au départ M_0 du point M deviendront, quand il reviendra en M_0,

$$\alpha + E_n - S_n, \qquad \alpha' + S_p - E_p;$$

d'où

$$m = E_n - S_n = S_p - E_p. \tag{48}$$

L'égalité de ces valeurs se voit d'ailleurs directement en observant que, L' étant une ligne fermée, on doit avoir

(49) $$E_n + E_p = S_n + S_p.$$

Quand les deux lignes fermées L *et* L' *se confondent, l'intégrale* (30) *devient*

(50) $$V(L') = 4m\pi - 2T = 4m\pi + 2\int_0^L \frac{d\theta}{dl}\,dl,$$

T désignant (page 19) la torsion totale de L, c'est-à-dire l'intégrale de la rotation $-d\theta$ de sa binormale dont le pied décrit dl, prise positivement dans le sens du mouvement des aiguilles d'une montre quand on la regarde d'un point de la tangente positive. La formule a lieu que les lignes L et L' soient parcourues dans le même sens ou en sens contraires.

Supposons qu'elles soient parcourues dans le même sens. L'interprétation géométrique de la formule (33) montre que V(L') est l'aire sphérique décrite par $({}_{M}L')$ quand le point M décrit toute la ligne L, et quand on convient de regarder chaque élément $({}_{M}d'l')$ comme décrivant une aire positive ou négative suivant qu'il la fait passer à sa droite ou à sa gauche. Soient aa', bb', nn' trois diamètres rectangulaires de la sphère auxiliaire, le rayon Oa représentant la tangente positive de L' au point M, On la direction qui va du point M à son centre de courbure, et le point b étant placé de manière que le sens de la rotation an, vue de ce point, soit celui du mouvement des aiguilles d'une montre. Les points a et b sont ceux de la fig. 4.

Il résulte de la position exceptionnelle du point M sur L' que la ligne sphérique $({}_{M}L')$, au lieu d'être fermée, se termine aux deux points a et a' qu'elle réunit; et si on la désigne par aia', on voit que la ligne fermée $aia'na$, qui se compose de aia' et de la demi-circonférence $a'na$, se déformera dans le mouvement du point M, mais reprendra, en même temps que ce point, sa position initiale. Alors elle aura décrit l'aire sphérique $4m\pi$, car on a déjà vu que toutes les fois qu'une ligne fermée se déforme sur la sphère et reprend sa figure initiale, elle engendre une aire qui est un multiple de la sphère. Or, en désignant généralement par V(l) l'aire décrite par un arc l, qui se déforme en vertu du mouvement du point M, quand ce point décrit tous les éléments de L dans le sens positif, on a

(51) $$V(aia'na) = V(aia') + V(a'na).$$

Mais quand le point a décrit dl, le point b (fig. 4) décrit $d\theta$, et la demi-circonférence $a'na$ décrit le fuseau — $2d\theta$. D'ailleurs on a vu que la torsion de L a pour expression $T = -\int_0^l \frac{d\theta}{dl}\,dl$. Donc

$$V(a'na) = \int_0^L \frac{dV(a'na)}{dl}\,dl = -2\int_0^L \frac{d\theta}{dl}\,dl = 2T,$$

et (51) devient $4m\pi = V(L') + 2T$, C. Q. F. D.

Si l'on change le sens du mouvement sur L, V(L') et T changent de signe en même temps, et la même formule a encore lieu. On en déduit l'expression suivante de la torsion totale d'une ligne fermée L

(52) $$T = -\int_0^L \frac{d\theta}{dl}\,dl = 2m\pi - \frac{1}{2}V(L').$$

Il est facile de voir l'identité des deux formules (50) et (29); car, en vertu du lemme 4, $T + \Sigma(0, l)$ est un multiple de 2π, et (50) donne $V(L') = 2\Sigma(0, l) + 4n\pi$, n étant un nombre entier. Soit $\underline{l}$ la symétrique de l par rapport au centre de la sphère, ayant sa tangente positive en chaque point dirigée dans le même sens que celle de l au point symétrique, et soit $\underline{\alpha}$ le coefficient de l'aire symétrique de celle à laquelle on donne le coefficient zéro dans $\Sigma(0, \underline{l})$. La formule (8) donne

$$\Sigma(\alpha_0,\ l + \underline{l}) = 2\Sigma(0,\ l) + 4(\alpha_0 + \underline{\alpha})\pi;$$

d'où

$$V(L') = \Sigma(n - \underline{\alpha},\ l + \underline{l}), \qquad n - \underline{\alpha} \text{ entier};$$

ce qui est, aux notations près, la formule (29). La formule (52) donne énoncé qui suit :

Théorème VIII. *La torsion totale d'une ligne fermée est égale à un nombre entier de circonférences moins la moitié de son potentiel.*

§ 5.

SECONDE MÉTHODE POUR L'ÉTUDE DU POTENTIEL DE GAUSS.

13. *Démonstration de la formule* (58). Le lemme du n° 11 permet d'établir directement, et indépendamment de l'interprétation géométrique sur laquelle est fondée la première méthode, que l'intégrale (30) ne varie pas quand la ligne d'intégration se déforme entre les deux points fixes M_0 et M sans rencontrer L'. Soient

$$M_0 \qquad E \qquad F \qquad M$$

les quatre points de l'espace définis par les coordonnées rectangulaires

$$x_0, \, y_0, \, z_0 \qquad x, \, y_0, \, z_0 \qquad x, \, y, \, z_0 \qquad x, \, y, \, z.$$

A la ligne d'intégration l substituons la ligne brisée M_0EFM, qui va pareillement de M_0 à M, et supposons qu'aucune de ces deux lignes ne rencontre L'. Alors les trois fonctions

$$(40) \qquad \left\{ \begin{aligned} A &= \int_{L'} \frac{(y'-y)\,d'z'-(z'-z)d'y'}{r'^3}, \\ B &= \int_{L'} \frac{(z'-z)\,d'x'-(x'-x)d'z'}{r'^3}, \\ C &= \int_{L'} \frac{(x'-x)\,d'y'-(y'-y)\,d'x}{r'^3}, \end{aligned} \right.$$

dans lesquelles r est pris en valeur absolue, sont finies, continues, et n'ont qu'une seule valeur en tous les points des deux lignes; et des trois formules

$$(41) \qquad \frac{dV}{dx} = A, \quad \frac{dV}{dy} = B, \quad \frac{dV}{dz} = C,$$

on déduit la suivante

$$(53)\quad V(l)=\int_{x_0}^{x} A(x, y_0, z_0)\,dx+\int_{y_0}^{y} B(x, y, z_0)\,dy+\int_{z_0}^{z} C(x, y, z)\,dz-\Sigma k,$$

dans laquelle la somme des trois premiers termes du second membre représente $V(M_0EFM)$, et le terme de correction $-\Sigma k$ désigne la somme des discontinuités que peut présenter V quand on déforme l entre les deux points fixes M_0 et M de manière que cette ligne devienne M_0EFM. Or

$$\int_{z_0}^{z} C(x, y, z)\,dz=\int_{z_0}^{z} dz\int_{L'}\frac{(y'-y)\,d'x'-(x'-x)\,d'y'}{r^3},$$

et on a l'intégrale indéfinie $\int\frac{dz}{r^3}=-\frac{1}{r}\frac{z'-z}{(x'-x)^2+(y'-y)^2}$. Donc, si l'on pose

$$(54)\quad\left\{\begin{aligned}V_x&=\int_{L'}\frac{x'-x}{r}\,\frac{(y'-y)\,d'z'-(z'-z)\,d'y'}{(y'-y)^2+(z'-z)^2},\\V_y&=\int_{L'}\frac{y'-y}{r}\,\frac{(z'-z)\,d'x'-(x'-x)\,d'z'}{(z'-z)^2+(x'-x)^2},\\V_z&=\int_{L'}\frac{z'-z}{r}\,\frac{(x'-x)\,d'y'-(y'-y)\,d'x'}{(x'-x)^2+(y'-y)^2},\end{aligned}\right.$$

et si l'on observe que les trois fonctions $\int_{x_0}^{x} A(x, y_0, z_0)\,dx$, $\int_{y_0}^{y} B(x,y,z_0)\,dy$, $\int_{z_0}^{z} C(x,y,z)\,dz$ ne présentent aucune discontinuité sur les trois lignes d'intégration

$$M_0E,\quad EF,\quad FM;$$

tandis que

$$V_x,\quad V_y,\quad V_z$$

sont sujettes à présenter sur les mêmes lignes, aux points où elles traversent les cylindres

$$L'_x,\quad L'_y,\quad L'_z,$$

ayant pour directrice commune L′ et pour génératrices des parallèles aux axes indiqués par leurs indices, des discontinuités ayant pour sommes

$$\Sigma k_x, \quad \Sigma k_y, \quad \Sigma k_z;$$

on trouvera

$$\int_{x_0}^{x} A(x, y_0, z_0)dx = - V_x(x, y_0, z_0) + V_x(x_0, y_0, z_0) + \Sigma k_x,$$

$$\int_{y_0}^{y} B(x, y, z_0)\, dy = - V_y(x, y, z_0) + V_y(x, y_0, z_0) + \Sigma k_y,$$

$$\int_{z_0}^{z} C(x, y, z)\, dz = - V_z(x, y, z) + V_z(x, y, z_0) + \Sigma k_z;$$

en sorte que l'équation (53) devient

$$(55)\; V(l) = \begin{cases} -V_z(x,y,z) \\ -V_y(x,y,z_0) - V_x(x,y_0,z_0) - V_z(x_0,y_0,z_0) + V_z(x_0,y_0,z_0) \\ +V_z(x,y,z_0) + V_y(x,y_0,z_0) + V_x(x_0,y_0,z_0) + \Sigma k_x + \Sigma k_y + \Sigma k_z - \Sigma k. \end{cases}$$

Calcul de V_z. Posons, pour abréger,

$$(56) \qquad x' - x = \xi, \quad y' - y = \eta, \quad z' - z = \zeta, \quad \rho^2 = \xi^2 + \eta^2;$$

nous aurons

$$(57) \qquad r^2 = \xi^2 + \eta^2 + \zeta^2, \quad V_z = \int_{L'} \frac{\zeta}{r} \frac{\xi d'\eta - \eta d'\xi}{\rho^2}.$$

Plaçons en M (fig. 10) le centre d'une sphère ayant pour rayon l'unité. Soit M′N′ l'élément $d'l'$ de L′, $m'n'$ la perspective sphérique de cet élément vu du point M; soient Mξ, Mη, Mζ les rayons parallèles aux axes coordonnés positifs; Mξ', Mη', Mζ' les rayons qui sont les prolongements des premiers. Circonscrivons à la sphère un cylindre ayant pour axe $\zeta\zeta'$, et projetons tous les points de la sphère sur ce cylindre par des droites perpendiculaires à cet axe. Soient mn la projection de l'arc $m'n'$, m'' et n'' les intersections du grand cercle de contact $\xi\eta$ avec les méridiens $\zeta m'$, $\zeta n'$; appelons θ et φ les angles que la projection ρ de MM′ $= r$ sur le plan ξMη fait avec Mξ et MM′, pris positivement, l'un dans le sens $\xi\eta$, l'autre dans le sens $m''\zeta$. On a $\xi d'\eta - \eta d'\xi = \rho^2 d\theta$, $\zeta = r \sin\varphi$, d'où

$$V_2 = \int_{L'}' \sin\varphi d'\theta.$$

Cette expression est indépendante de r; donc elle reste la même si l'on remplace la courbe fermée L' par sa perspective sphérique ($_M$L'). Si $d'\theta$ est positif, on a $\sin\varphi d'\theta =$ aire cylindrique $m''n''nm =$ aire sphérique $m''n''n'm'$. Donc

$$\text{pour } d'\theta \text{ positif,} \quad \sin\varphi d'\theta = \frac{1}{2} \text{ aire } \zeta' m'n' - \frac{1}{2} \text{ aire } \zeta m'n',$$

$$\text{pour } d'\theta \text{ négatif,} \quad \sin\varphi d'\theta = \frac{1}{2} \text{ aire } \zeta m'n' - \frac{1}{2} \text{ aire } \zeta' m'n'.$$

La ligne ($_M$L') peut traverser le fuseau un nombre quelconque de fois; à chacun des arcs $m'n'$ qui le traversent correspond un élément de l'intégrale $\int' \sin\varphi d'\theta$ qui est donné par l'une des deux dernières formules, ce qu'on peut exprimer de la manière suivante:

Soient $a, b, c, \ldots$ les aires des parties dans lesquelles ($_M$L') partage le fuseau $\zeta m'\zeta' n'$. Chaque arc $m'n'$ qui traverse le fuseau fait acquérir le facteur $+\frac{1}{2}$ aux aires qui sont à sa gauche et le facteur $-\frac{1}{2}$ aux aires qui sont à sa droite.

Si l'on se reporte au lemme du n° 1, on voit que les aires $a, b, c, \ldots$ et leurs coefficients sont les mêmes dont on a fait usage pour démontrer ce lemme, sauf que la droite et la gauche sont interverties; et si l'on appelle A, B, C,... les aires sphériques séparées par ($_M$L'), on aura, en vertu de ce lemme,

$$(58) \qquad -V_2(x, y, z) = \alpha A + \beta B + \gamma C + \ldots,$$

$\alpha, \beta, \gamma, \ldots$ étant des multiples de $\frac{1}{2}$ déterminés par les deux lois des coefficients des aires sphériques. D'ailleurs si ces lois n'avaient pas été démontrées au n° 1, on les établirait ici en partant de la formule

$$(59)\qquad 2\alpha = n - p - n' + p',$$

dans laquelle on désigne les nombres d'intersections de $({}_M L')$ avec les arcs

$$I\zeta,\quad I\zeta',$$

dans le sens positif xy, par

$$p,\quad p';$$

dans le sens négatif yx, par

$$n,\quad n';$$

I étant un point quelconque intérieur à l'aire A.

Recherche des discontinuités k_z *de la fonction* V_z *de* l. Dans le calcul de la 3ᵉ intégrale (54), on a supposé que $({}_M L')$ ne passe par aucun des deux pôles ζ, ζ', car l'intégrale aurait, dans ce cas, un élément dont le dénominateur $r\rho^2$ serait nul avec ρ. Ce cas se présente quand V_z varie en vertu du mouvement du point M sur L, chaque fois que ce point traverse le cylindre L'_z. Alors V_z, fonction continue de l en tous les autres points de L, qui ne sont pas sur ce cylindre, est sujette à devenir discontinue. En effet, elle varie brusquement de 2π, et on peut le voir de deux manières.

1° Supposons que $({}_M L')$ s'approche de l'un des deux pôles ζ, ζ' situé d'abord à sa gauche, et franchisse ce pôle en vertu du déplacement du point M traversant le cylindre L'_z. Soient A et B les aires sphériques qui contiennent ce pôle ζ ou ζ' avant et après le passage, et C celle qui contient le pôle opposé ζ' ou ζ. Les différences des coefficients des trois aires demeurent invariables. Si donc on représente, conformément aux deux lois, les coefficients des trois aires

$$A,\qquad B,\qquad C,$$

avant le passage, par

$$\alpha,\qquad \alpha + 1,\qquad -\alpha;$$

leurs expressions, après le passage, seront de la forme

$$\alpha + h,\quad \alpha + 1 + h,\quad -\alpha + h;$$

et la deuxième loi, appliquée après le passage, donne l'équation $(\alpha + 1 + h) + (-\alpha + h) = 0$, d'où $h = -\frac{1}{2}$. Tous les coefficients de la formule (58) diminuent de $\frac{1}{2}$; donc V_z augmente d'un hémisphère 2π. On verra pareillement que, si $({}_M L')$ franchit l'un des deux pôles ζ ou ζ' situé d'abord à sa droite, V_z diminue de 2π.

2° Décrivons sur la sphère auxiliaire, des points ζ et ζ' comme pôles, deux cercles infiniment petits, et supposons-les parcourus, le premier dans le sens positif $\xi\eta$, le second dans le sens négatif $\eta\xi$. Mettons d'abord un de ces petits cercles à la place de $({}_M L')$. Il partagera la sphère en deux parties, l'une négligeable, l'autre égale à 4π, située à gauche de la ligne de séparation, et affectée du coefficient $-\frac{1}{2}$. Donc la fonction V_z qui répond à cette ligne aura pour valeur 2π. Supposons que $({}_M L')$, s'approchant de l'un des deux pôles ζ, ζ' situé d'abord à sa gauche, vienne à toucher pour la première fois l'un des petits cercles, et qu'on le lui adjoigne. On augmentera ainsi de 2π la fonction V_z qui répond à $({}_M L')$. Mais si l'on observe que les deux lignes qui se touchent sont parcourues dans des sens contraires au point de contact, on voit qu'on peut transformer leur système dans la figure que prend $({}_M L')$ après avoir franchi le pôle, par la déformation infiniment petite d'une ligne toujours fermée qui ne le franchit pas. Négligeant la variation de V_z qui résulte de cette déformation, on peut dire que V_z s'accroît de 2π quand le point M décrit l'élément dl en traversant le cylindre L'_z.

Cette discontinuité de la fonction V_z de l, quand le point M où cet arc se termine franchit le cylindre L'_z, la distingue nettement de la fonction V de l, qui ne peut devenir discontinue en aucun point de l'espace non situé sur L'.

Corollaire. Σk_x, Σk_y, Σk_z sont des multiples de 2π.

Les différences $V_z - V_y$, $V_y - V_x$, $V_x - V_z$ *sont des multiples de* 2π. Car on a $-V_y = \alpha_y A + \beta_y B + \ldots$ et $-V_x = \alpha_x A + \beta_x B + \ldots$, $\alpha_y, \beta_y, \ldots$ et $\alpha_x, \beta_x, \ldots$ étant soumis aux deux lois des coefficients des aires sphériques A, B,... La formule (1) donne $\alpha_y - \alpha_x = \beta_y - \beta_x = \ldots$ Donc

$V_y - V_x = (\alpha_x - \alpha_y)(A + B + \ldots) = 4\pi(\alpha_x - \alpha_y)$ en vertu de la formule (2). Et comme $\alpha_x - \alpha_y$ est un multiple de $\frac{1}{2}$, $V_y - V_x$ est un multiple de 2π. Cette relation se démontre élégamment au moyen de l'intégrale indéfinie suivante, remarquée par Gauss :

$$(60) \qquad \int' \left(\frac{\zeta}{r} \frac{\xi d'\eta - \eta d'\xi}{\xi^2 + \eta^2} - \frac{\eta}{r} \frac{\zeta d'\xi - \xi d'\zeta}{\zeta^2 + \xi^2} \right) = \text{arc tg} \frac{\eta\zeta}{\xi r}.$$

Elle s'applique à un arc quelconque de L'. Si on l'étend à cette ligne entière, elle donne la différence de deux arcs qui ont même tangente. Il semble donc que $V_z - V_y$ peut être un multiple quelconque de π ; mais il est facile de reconnaître que ce multiple est pair, car si l'on considère sur la circonférence trigonométrique la fin de l'arc tg $\frac{\eta\zeta}{\xi r}$, et sur L' un mobile qui décrit cette ligne entière, ces deux points, dans leurs mouvements simultanés, traversent toujours en même temps le diamètre perpendiculaire à celui qui passe par l'origine des arcs et le plan $\xi = 0$. Mais le point qui se meut sur L' traverse le plan $\xi = 0$ un nombre pair de fois, puisque cette ligne est fermée ; donc la fin de l'arc tangente coïncide avec son commencement, et non avec le point diamétralement opposé.

Expression de V (*l*) *en fonction des aires sphériques.* La formule (55) devient, en vertu des principes qu'on vient d'établir,

$$(61) \qquad V(l) = -V_z(x, y, z) + \text{constante};$$

la constante étant sujette à certaines discontinuités détruisant celles de $-V_z$. La formule (4) montre que le second membre de (58) devient $V(l)$ si $\alpha, \beta, \gamma, \ldots$ augmentent de cette constante divisée par 4π, ce qui donne

$$(62) \qquad V(l) = \alpha_1 A + \beta_1 B + \gamma_1 C + \ldots,$$

$\alpha_1, \beta_1, \gamma_1, \ldots$ n'étant soumis qu'à la première loi des coefficients des aires A, B, C, ..., et la deuxième loi étant remplacée par la condition qu'une aire quelconque soit affectée d'un coefficient invariable pendant tout le temps qu'elle existe. D'ailleurs, tandis que $\alpha, \beta, \gamma, \ldots$ sont des multiples de $\frac{1}{2}$, $\alpha_1, \beta_1, \gamma_1, \ldots$ peuvent se composer d'une partie entière et d'une fraction quelconque, la même pour tous.

Démonstration de la formule $V(L) = 4m\pi$ *par les discontinuités de* V_z. Il résulte de la formule (61) que les deux fonctions $V(l)$ et $-V_z(l)$ ont même dérivée par rapport à l; or, si l'on fait varier l de 0 à L, la première ne présente aucune discontinuité, la seconde revient à sa valeur initiale et peut présenter des discontinuités dont nous désignerons la somme par $-\Sigma k_z$. On a donc

$$V(L) - V(0) = -V_z(L) + V_z(0) + \Sigma k_z,$$

ou

$$V(L) = \Sigma k_z. \tag{63}$$

Or, d'après la recherche qui a été faite des discontinuités k_z de $V_z(l)$, on a, suivant que L traverse le cylindre L'_z

	dans sa partie inférieure,	dans sa partie supérieure,
en entrant.	$k_z = +2\pi$,	$k_z = -2\pi$,
en sortant.	$k_z = -2\pi$,	$k_z = +2\pi$.

Donc, en faisant usage des notations E_n, S_n, E_p, S_p définies p. 54, on a

$$\Sigma k_z = 2\pi(E_n - S_n - E_p + S_p). \tag{64}$$

Or, (49) donne

$$0 = 2\pi(E_n - S_n + E_p - S_p),$$

équation qui, combinée par addition et soustraction avec (64), donne, en vertu de (63),

$$V(L) = 4\pi(E_n - S_n) = 4\pi(S_p - E_p), \tag{65}$$

résultat déjà exprimé par la formule (48).

§ VI.

14. FORMULES DE TRANSFORMATION POUR UNE INTÉGRALE ÉTENDUE A TOUS LES ÉLÉMENTS D'UNE LIGNE FERMÉE.

Sur une aire plane λ définie en grandeur et en direction par un système quelconque L *de courbes gauches fermées parcourues chacune dans un sens déterminé.*

Soit λ une aire plane, dont le contour est parcouru dans un sens déterminé, et dont la normale extérieure n sera définie par la condition que le sens de la rotation soit celui des aiguilles d'une montre quand on regarde λ d'un point pris sur n; appelons x, y, z, trois coordonnées rectangulaires. Si l'on pose

$$a = \cos(n, x), \qquad b = \cos(n, y), \qquad c = \cos(n, z),$$

les projections de l'aire λ sur les trois plans coordonnés, positives ou négatives suivant qu'elles sont à droite ou à gauche de leurs contours, auront pour expressions

$$\int y dz = \lambda a, \qquad \int z dx = \lambda b, \qquad \int x dy = \lambda c, \tag{66}$$

les intégrales s'étendant au contour de λ.

LEMME. *Si, on étend les intégrales* $\int ydz$, $\int zdx$, $\int xdy$ *à tous les éléments de* L, *l'aire plane λ définie par les éq.* (66) *sera indépendante en grandeur et en direction du choix des axes rectangulaires.*

En effet, soient x', y', z' les coordonnées relatives à de nouveaux axes rectangulaires, faisant avec les anciens des angles dont les cosinus sont donnés par le tableau suivant :

	x	y	z
x'	p	q	r
y'	p'	q'	r'
z'	p''	q''	r''

On aura les formules de transformation

$$\begin{aligned} x' &= px + qy + rz + s, & p &= q'r'' - r'q'', \\ y' &= p'x + q'y + r'z + s', & q &= r'p'' - p'r'', \\ z' &= p''x + q''y + r''z + s'', & r &= p'q'' - q'p''. \end{aligned}$$

Posons aussi

$$(67)\quad \begin{cases} \cos(n, x') = a' = pa + qb + rc, \\ \cos(n, y') = b' = p'a + q'b + r'c, \\ \cos(n, z') = c' = p''a + q''b + r''c. \end{cases}$$

On aura, en observant que L' est une figure fermée,

$$\int dx = 0 \ldots\ldots \quad \int x dx = 0 \ldots\ldots\ldots \quad \int y dz + \int z dy = 0 \ldots\ldots$$
$$\int y' dz' = (q'r'' - r'q'') \int y dz + (r'p'' - p'r'') \int z dx + (p'q'' - q'p'') \int x dy = \lambda(pa + qb + rc),$$
$$\int y' dz' = \lambda a', \qquad \int z' dx' = \lambda b', \qquad \int x' dy' = \lambda c'.$$

Donc les éq. (66), appliquées aux nouveaux axes, donnent la même aire λ et la même direction n définie par les nouveaux cosinus a', b', c'.

THÉORÈME IX. *Si la projection d'un système solide et mobile* L *de courbes gauches fermées sur un plan fixe partage ce plan en un certain nombre d'aires λ_x; si on donne le coefficient* 0 *à la partie extérieure infinie, et aux autres aires des coefficients respectifs α_x déterminés par la* 1ère *loi du n°* 1 *; il existera une aire plane λ, liée invariablement à* L, *dont la projection sur le plan fixe sera donnée avec son signe par la somme $\Sigma \alpha_x \lambda_x$, et cette aire est définie en grandeur et en direction par les éq.* (66).

En effet, on reconnaît immédiatement que $\sum \alpha_x \lambda_x = \int_0^L y \frac{dz}{dL} dL$; et au lieu de déplacer les axes, il revient au même de déplacer le système sans changer sa figure.

Transformation d'une intégrale simple étendue à tous les éléments dl d'une ligne fermée L *dans une intégrale double étendue à tous les éléments λ d'une aire indéterminée Λ terminée au contour* L.

On suppose que les axes sont rectilignes, rectangulaires, et que la rotation xy, vue d'un point de l'axe des z positifs, se fait dans le sens du mouvement des aiguilles d'une montre. Supposons que le contour l de chaque élément λ soit parcouru aussi dans le sens de ce mouvement quand on le regarde d'un point de la normale extérieure de λ; ceux des contours l qui ont un élément commun avec L définiront le sens du mouvement sur cette ligne. Soit dn le premier élément de la normale extérieure de λ; soient α, β, γ les angles qu'il fait avec les axes, et posons

$$(68) \qquad a = \cos\alpha = \frac{dx}{dn}, \quad b = \cos\beta = \frac{dy}{dn}, \quad c = \cos\gamma = \frac{dz}{dn}.$$

1° Soient x, y, z les coordonnées d'un point fixe infiniment voisin de l, et $x + x_1$, $y + y_1$, $z + z_1$, celles d'un point quelconque de cette ligne. Soit $\varphi(x, y, z)$ une fonction finie et bien déterminée, ainsi que ses dérivées du premier ordre, pour tous les points voisins de x, y, z. Quand la ligne l est plane, et partage son plan en deux parties seulement, on a

$$(69) \left\{ \begin{array}{l} \int_0^l \varphi \frac{dx_1}{dl} dl = \lambda\left(\frac{d\varphi}{dz} b - \frac{d\varphi}{dy} c\right), \int_0^l \varphi \frac{dy_1}{dl} dl = \lambda\left(\frac{d\varphi}{dx} c - \frac{d\varphi}{dz} a\right), \int_0^l \varphi \frac{dz_1}{dl} dl = \lambda\left(\frac{d\varphi}{dy} a - \frac{d\varphi}{dx} b\right) \\ \int_0^l y_1 \frac{dz_1}{dl} dl = \lambda a, \qquad \int_0^l z_1 \frac{dx_1}{dl} dl = \lambda b, \qquad \int_0^l x_1 \frac{dy_1}{dl} dl = \lambda c, \end{array} \right.$$

et ces équations ont encore lieu quand la ligne l, toujours fermée et infiniment petite, cesse d'être plane ou partage son plan en plus de deux parties, en définissant par les équations de la seconde ligne l'aire λ et les cosinus a, b, c des angles que sa normale extérieure fait avec les axes. En effet, $\varphi(x + x_1, y + y_1, z + z_1) = \varphi(x, y, z) + x_1 \frac{d\varphi}{dx} + y_1 \frac{d\varphi}{dy} + z_1 \frac{d\varphi}{dz}$, d'où $\int_0^l \varphi \frac{dx_1}{dl} dl = \varphi \int dx_1 + \frac{d\varphi}{dx} \int x_1 dx_1 + \int \frac{d\varphi}{dy} y_1 dx_1 + \frac{d\varphi}{dz} \int z_1 dx_1$. Mais puisque l est une ligne fermée, on a $\int dx_1 = 0$, $\int x_1 dx_1 = 0$, et $\int y_1 dx_1 + x_1 dy_1 = 0$; ce qui démontre la première équation (69) dans toute sa généralité.

En vertu du théorème IX, on a aussi

$$(70) \qquad \int_0^l y_1 \frac{dz_1}{dl} dl = \Sigma\alpha_x\lambda_x, \quad \int_0^l z_1 \frac{dx_1}{dl} dl = \Sigma\alpha_y\lambda_y, \quad \int_0^l x_1 \frac{dy_1}{dl} dl = \Sigma\alpha_z\lambda_z.$$

En remplaçant φ par trois fonctions différentes u, v, w de x, y, z, on déduit des équations (69)

$$(71) \left\{ \begin{array}{l} \int_0^l \frac{u dx + v dy + w dz}{dl} dl = \lambda\left[\left(\frac{dw}{dy} - \frac{dv}{dz}\right) a + \left(\frac{du}{dz} - \frac{dw}{dx}\right) b + \left(\frac{dv}{dx} - \frac{du}{dy}\right) c\right] \\ \qquad = \left(\frac{dw}{dy} - \frac{dv}{dz}\right) \Sigma\alpha_x\lambda_x + \left(\frac{du}{dz} - \frac{dw}{dx}\right) \Sigma\alpha_y\lambda_y + \left(\frac{dv}{dx} - \frac{du}{dy}\right) \Sigma\alpha_z\lambda_z; \end{array} \right.$$

2° On a

$$(72)\quad \begin{cases} \displaystyle\int_0^L u\frac{dx}{dL}dL = \iint_{\Lambda}\left(\frac{du}{dz}b - \frac{du}{dy}c\right)\lambda, \\ \displaystyle\int_0^L v\frac{dy}{dL}dL = \iint_{\Lambda}\left(\frac{dv}{dx}c - \frac{dv}{dz}a\right)\lambda, \\ \displaystyle\int_0^L w\frac{dz}{dL}dL = \iint_{\Lambda}\left(\frac{dw}{dy}a - \frac{dw}{dx}b\right)\lambda. \end{cases}$$

On trouve immédiatement ces trois formules en appliquant les éq. (88) à tous les éléments λ de l'aire Λ et à leurs contours l, et remplaçant φ par les trois fonctions u, v, w de x, y, z, assujetties seulement à être finies et bien déterminées, ainsi que leurs dérivées partielles du premier ordre, en tous les points de l'aire Λ.

Si L est une courbe plane, partageant son plan en deux parties seulement, les formules (72) appliquées à l'aire plane Λ renfermée dans cette ligne et à la fonction φ deviennent

$$(73)\quad \begin{cases} \displaystyle\int_0^L \varphi\frac{dx}{dL}dL = \frac{d\varphi_\Lambda}{dz}b - \frac{d\varphi_\Lambda}{dy}c, \\ \displaystyle\int_0^L \varphi\frac{dy}{dL}dL = \frac{d\varphi_\Lambda}{dx}c - \frac{d\varphi_\Lambda}{dz}a, \\ \displaystyle\int_0^L \varphi\frac{dz}{dL}dL = \frac{d\varphi_\Lambda}{dy}a - \frac{d\varphi_\Lambda}{dx}b. \end{cases}$$

en posant

$$(74)\quad \varphi_\Lambda = \iint_{\Lambda} \varphi\, d\Lambda,$$

et si L partage son plan en un nombre quelconque d'aires

$$\Lambda_1,\ \Lambda_2,\ \Lambda_3,\ldots,$$

les formules (73) auront encore lieu, en mettant le coefficient zéro dans la partie extérieure infinie, et dans les autres des coefficients respectifs

$$\alpha_1,\ \alpha_2,\ \alpha_3,\ldots,$$

déterminés par la première loi du n° 1, et remplaçant la fonction (74) par

(75) $$\varphi_A = \alpha_1 \iint\limits_{A_1} \varphi dA_1 + \alpha_2 \iint\limits_{A_2} \varphi dA_2 + \dots$$

3° On a

(76) $$\int_0^L \frac{udx + vdy + wdz}{dL} dL = \iint\limits_{A} \left[\left(\frac{dw}{dy} - \frac{dv}{dz}\right) a + \left(\frac{du}{dz} - \frac{dw}{dx}\right) b + \left(\frac{dv}{dx} - \frac{du}{dy}\right) c \right] \lambda.$$

On trouve cette éq. en ajoutant membre à membre les éq. (72). Si on veut l'appliquer à l'expression $\int_0^L u \frac{dv}{dL} dL$, il suffit de mettre celle-ci sous la forme $\int_0^L \frac{u \frac{dv}{dx} dx + u \frac{dv}{dy} dy + u \frac{dv}{dz} dz}{dL} dL$, ce qui donne

(77) $$\int_0^L u \frac{dv}{dL} dL = \iint\limits_{A} \left[\left(\frac{du}{dy}\frac{dv}{dz} - \frac{du}{dz}\frac{dv}{dy}\right) a + \left(\frac{du}{dz}\frac{dv}{dx} - \frac{du}{dx}\frac{dv}{dz}\right) b + \left(\frac{du}{dx}\frac{dv}{dy} - \frac{du}{dy}\frac{dv}{dx}\right) c \right] \lambda.$$

Si L désigne le contour d'une aire plane A, et si on pose

(78) $$u_A = \iint\limits_{A} u dA, \quad v_A = \iint\limits_{A} v dA, \quad w_A = \iint\limits_{A} w dA,$$

la formule (76) devient

(79) $$\int_0^L \frac{udx + vdy + wdz}{dL} dL = \left(\frac{dw_A}{dy} - \frac{dv_A}{dz}\right) a + \left(\frac{du_A}{dz} - \frac{dw_A}{dx}\right) b + \left(\frac{dv_A}{dx} - \frac{dw_A}{dy}\right) c.$$

Ces formules supposent que la surface à laquelle appartient l'aire A est partagée par L en deux parties seulement. Il est facile de voir que, si elle est partagée par L en un nombre quelconque d'aires A, B, C, ..., si on affecte ces aires de coefficients α, β, γ, ..., satisfaisant à la 1ère loi du n° 1, en mettant 0 dans celle qu'on voudra, et si on représente par F (A) le second membre de l'éq. (76), cette éq. deviendra

(80) $$\int_0^L \frac{udx + vdy + wdz}{dL} dL = \alpha F(A) + \beta F(B) + \gamma F(C) + \dots$$

L'indétermination de l'aire affectée du coefficient 0 prouve que l'on a identiquement $F(A)+F(B)+F(C)+\ldots=0$, ce qui est d'ailleurs évident en vertu de (76); car si le contour L se réduit à 0, le premier membre s'annule, et on peut prendre pour le second membre $F(A+B+C+\ldots)$. Il résulte de cette identité qu'au lieu de donner au coefficient de l'aire qu'on voudra la valeur 0, on peut lui donner une valeur arbitraire.

Il est facile d'étendre les formules qui précèdent à un système quelconque de coordonnées curvilignes orthogonales ξ, η, ζ. En désignant par

$$dx=\xi' d\xi, \qquad dy=\eta' d\eta, \qquad dz=\zeta' d\zeta,$$

les dimensions infiniment petites d'un parallélipipède rectangle qui répond aux différentielles $d\xi$, $d\eta$, $d\zeta$ des trois paramètres du système triple orthogonal, et supposant ces trois éléments linéaires disposés dans l'ordre ordinaire d'un système de trois coordonnées rectilignes, on trouve

$$(69\ bis)\quad \left\{\begin{aligned} \int_0^l \varphi\frac{d\xi}{dl}\,dl &= \lambda\left(\frac{d\varphi}{d\zeta}\frac{\eta'}{\zeta'\xi'}\frac{d\eta}{dn}-\frac{d\varphi}{d\eta}\frac{\zeta'}{\xi'\eta'}\frac{d\zeta}{dn}\right),\\ \int_0^l \varphi\frac{d\eta}{dl}\,dl &= \lambda\left(\frac{d\varphi}{d\xi}\frac{\zeta'}{\xi'\eta'}\frac{d\zeta}{dn}-\frac{d\varphi}{d\zeta}\frac{\xi'}{\eta'\zeta'}\frac{d\xi}{dn}\right),\\ \int_0^l \varphi\frac{d\zeta}{dl}\,dl &= \lambda\left(\frac{d\varphi}{d\eta}\frac{\xi'}{\eta'\zeta'}\frac{d\xi}{dn}-\frac{d\varphi}{d\xi}\frac{\eta'}{\zeta'\xi'}\frac{d\eta}{dn}\right). \end{aligned}\right.$$

$$(76\ bis)\quad \left\{\begin{aligned} \int_0^L \frac{u\,d\xi+v\,d\eta+w\,d\zeta}{dL}\,dL = \iint_A &\left[\left(\frac{dw}{d\eta}-\frac{dv}{d\zeta}\right)\frac{\xi'}{\eta'\zeta'}\frac{d\xi}{dn}\right.\\ &\left.+\left(\frac{du}{d\zeta}-\frac{dw}{d\xi}\right)\frac{\eta'}{\zeta'\xi'}\frac{d\eta}{dn}+\left(\frac{dv}{d\xi}-\frac{du}{d\eta}\right)\frac{\zeta'}{\xi'\eta'}\frac{d\zeta}{dn}\right]dA. \end{aligned}\right.$$

Cette dernière formule a été donnée dans une note signée Schering qui fait suite au mémoire posthume de Gauss sur l'électrodynamique.

§ 7.

ÉTUDE GÉOMÉTRIQUE DES SURFACES DE NIVEAU D'UNE LIGNE FERMÉE.

15. *Sur deux propriétés géométriques des surfaces de niveau.*

Convention sur la constante arbitraire de V. Quand on place le point $M(x, y, z)$ à une distance infinie r de la ligne fermée L′, la ligne $({}_{M}L')$ (définition 10) partage la sphère en aires infiniment petites, excepté une seule $4\pi - d\sigma$, en désignant par $d\sigma$ la somme des valeurs absolues de toutes les autres, qui est un infiniment petit de même ordre que $\frac{1}{r^2}$. Nous conviendrons de donner à cette aire $4\pi - d\sigma$ le coefficient zéro. Alors V sera un infiniment petit du même ordre que $\frac{1}{r^2}$, et la surface $V = 0$ sera la seule qui ait des points à l'infini.

Théorème X. *Une quelconque des surfaces* $V =$ *constante passe par tous les points de* L′, *et fait en ces différents points avec la surface* $V = 0$ *l'angle constant*

$$\theta = \frac{V}{2}; \tag{81}$$

cet angle étant compté positivement dans le sens de la rotation positive autour de L′ (définition 14).

En effet, soit P′ un point quelconque de L′; plaçons en ce point le centre d'une circonférence de rayon P′M infiniment petit, de manière que son plan soit normal à L′; et portons sur L′, de part et d'autre de P′, deux arcs P′A′ et P′B′ infiniment petits d'un ordre moins élevé que P′M. Alors $({}_{M}A'B')$ (définition 10) différera infiniment peu de la demi-circonférence dont le diamètre est parallèle à la tangente en P′, et dont le plan est parallèle à celui qui passe par cette tangente et par M. Si on fait tourner le rayon P′M de l'angle positif θ, l'aire sphérique décrite par $({}_{M}A'B')$ différera infiniment peu du fuseau décrit par cette demi-circonférence. Mais l'angle de ce fuseau étant θ, et la demi-circonférence marchant vers sa gauche, cette aire est positive et a pour mesure 2θ. D'ailleurs $({}_{M}[L'-A'B'])$ décrit une aire infiniment petite; donc $({}_{M}L')$ décrit l'aire 2θ, en négligeant un infiniment petit, et la rotation θ amène le point M d'une surface $V=C$ dans la surface $V=C+2\theta$: donc, en disposant de la grandeur et du signe de θ, on amènera M dans l'une quelconque des surfaces V; ce qui démontre que cette surface quelconque passe par un point de la circonférence et aussi par P'.

Prenons arbitrairement deux points P' et Q' sur L'. Il est démontré que chacune des surfaces $V=0$ et $V=2\theta$ passe par ces deux points. Décrivons des points P' et Q' comme centres dans les plans normaux à L' deux circonférences infiniment petites, et faisons tourner les deux points où elles traversent la surface $V=0$ du même angle $\theta=\frac{V}{2}$; ils arriveront ensemble dans la surface $V=2\theta$. Donc cette surface fait avec $V=0$ aux deux points P' et Q' le même angle θ.

Corollaire 1. *La ligne L', quand elle est plane, est une ligne de courbure de toutes les surfaces* V. Car la partie du plan de L' qui s'étend à l'infini au delà de cette ligne n'est autre chose que la surface $V=0$.

Ce corollaire 1 n'est pas général en vertu du corollaire 3, car le théorème VIII prouve que les lignes fermées L' par lesquelles on peut faire passer une surface ayant L' pour ligne de courbure et une seule normale en chaque point de L' sont des lignes exceptionnelles. Dans le cas même où cette surface existe, ce corollaire 1 n'a pas toujours lieu, car il y a des lignes sphériques fermées qui le mettent en défaut.

Corollaire 2. *Les deux surfaces* V *et* $V+4m\pi$ *coïncident, m désignant un nombre entier.* Car deux surfaces V étant définies par les directions de leurs normales, et la surface unique V qui passe par un point non situé sur L' n'ayant en ce point qu'une normale, les deux surfaces ne peuvent avoir un point commun en dehors de cette ligne sans coïncider dans toute leur étendue. Or, le point M, où la petite circonférence de centre P' rencontre la surface V, arrive dans la surface $V+4m\pi$ quand on le fait tourner de $2m\pi$. Mais alors il revient au point M. Donc ce point, qui n'est pas sur L', étant commun aux deux surfaces, elles coïncident.

Ce corollaire n'est qu'une interprétation géométrique de la périodicité des fonctions x, y, z de V, et de la période 4π. Car il exprime que la fonction V a, en chaque point (x, y, z) non situé sur L', la valeur multiple $V + 4m\pi$.

COROLLAIRE 3. *Les deux surfaces* V *et* $V + 2\pi$ *ont même plan tangent en tous les points de* L', *et leur ensemble constitue une surface fermée ou infinie dont la direction de la normale varie sans discontinuité. La seule de ces surfaces qui soit infinie se compose de l'ensemble des deux surfaces* $V = 0$ *et* $V = 2\pi$. En effet, si le point M part d'une surface V et tourne de π, il arrivera dans la surface $V + 2\pi$.

COROLLAIRE 4. *Interprétation géométrique de l'intégrale* (30). Soit P un point mobile sur L et décrivant l'arc l. Assujettissons le point M à se mouvoir sur la circonférence de centre P' de manière à se trouver constamment sur la même surface V que le point P, et soit θ l'arc décrit en même temps que l par la fin d'une droite commençant en P', passant par M et égale à l'unité. La valeur de l'intégrale (30) sera

$$V = 2\theta, \tag{82}$$

pourvu qu'on place l'origine de l sur la surface $V = 0$. Si l devient la ligne fermée L, θ devient un nombre entier de circonférences $2m\pi$, et on retrouve la formule de Gauss

$$V = 4m\pi,$$

m étant la différence des nombres de points où L traverse l'une quelconque des surfaces V dans un sens et dans l'autre, ou encore la somme algébrique des rotations du point M autour de P'.

COROLLAIRE 5. *Pour que les trajectoires orthogonales* N *des surfaces* V *soient fermées, il faut que* L' *soit une ligne de courbure commune à toutes ces surfaces.* Nous appellerons N un arc positif compté sur une trajectoire orthogonale quelconque dans le sens de V croissant; en sorte que dV sera toujours positif en même temps que dN.

Il suffit de démontrer que, si L' n'est pas une ligne de courbure des surfaces V, les trajectoires orthogonales infiniment voisines de cette ligne ne peuvent pas être fermées. Or, si on mène par un point P', pris arbitrairement sur L', et dans l'une des surfaces V, la ligne géodésique tangente en ce point, sa seconde courbure sera la même en P′ que pour toutes les autres surfaces V. On le voit en menant les plans normaux à L′ aux deux points infiniment voisins P′ et P″ dont la distance $d'l'$ est infiniment petite du premier ordre : ils déterminent dans les surfaces V et $V_1 = V + 2\theta$ quatre sections dont les tangentes en P′ et P″ font entre elles deux angles égaux à θ. Les côtés du second angle projetés sur le plan du premier font avec les côtés du premier deux angles $d'\alpha$ et $d'\alpha_1$ qui sont infiniment petits du premier ordre et qui ont même partie principale; ce qui donne pour les secondes courbures des tangentes géodésiques menées au même point P′ de la ligne L′ dans les deux surfaces V et V_1, $\tau = \dfrac{d'\alpha}{d'l'}$ et $\tau_1 = \dfrac{d'\alpha_1}{d'l'}$, d'où $\tau = \tau_1$. Mais les normales géodésiques à L′ menées par P′ dans les deux surfaces V et V_1 ont pour deuxièmes courbures τ et τ_1, ce qui démontre qu'elles ont la même deuxième courbure τ. Portons sur la première un arc infiniment petit du premier ordre $r = P'Q'$, et considérons l'arc infiniment petit du second ordre $d'N = rd\theta$ porté à partir de Q′ sur la trajectoire orthogonale qui passe par ce point, et qui répond à l'accroissement $\dfrac{dV}{2} = d\theta$ du paramètre V. Cet arc fait l'angle $r\tau$ avec le plan normal à L′ en P′. Donc quand le point Q′ décrit $d'N$, le pied P′ de la normale géodésique abaissée de ce point sur L′ parcourt sur L′ l'arc $r\tau d'N = r^2\tau d\theta$; et quand le point Q′ fait un tour entier $\theta = 2\pi$ autour de L′, le point P′ parcourt un arc infiniment petit du deuxième ordre dont la partie principale est $2\pi r^2\tau$. Ce qui montre que N ne peut pas être une ligne fermée quand τ n'est pas nul, ou, ce qui revient au même, quand L′ n'est pas une ligne de courbure de V.

Remarque. *Les lignes* N *sont fermées toutes les fois que* L′ *est une courbe plane*. Cela résulte évidemment de ce qu'elles sont symétriques par rapport au plan de L′.

La seconde propriété appartient à tout système de surfaces de niveau ; elle résulte du principe suivant.

Lemme. Soit un système de surfaces défini en donnant un paramètre

$$V = f(x, y, z).$$

Soit N une trajectoire orthogonale de ces surfaces, et dN un élément positif de cette ligne, le sens positif étant celui qui répond à dV positif. Soit λ l'élément d'une surface V compris dans un contour infiniment petit, et soit un canal infiniment étroit formé par les trajectoires orthogonales n qui passent par les différents points de ce contour. Quand on passe de la surface V à la surface $V + dV$, l'aire λ interceptée par ce canal devient $\lambda + \frac{d\lambda}{dV} dV$. Proposons-nous d'établir le lemme suivant : on a

$$\frac{d\lambda}{dN} = -\left(\frac{1}{R} + \frac{1}{R'}\right) \lambda, \tag{83}$$

$\frac{1}{R}$ et $\frac{1}{R'}$ désignant les deux courbures principales de la surface V au point où elle est rencontrée par une ligne N intérieure au canal, ces deux courbures étant prises positivement quand leurs centres sont sur la tangente positive à N, et négativement dans le cas contraire.

Supposons d'abord que λ soit compris entre quatre lignes de courbure, et désignons ses côtés par α et β. La section faite dans le canal par la surface $V + dV$ sera un parallélogramme ayant pour côtés $\alpha + \frac{d\alpha}{dN} dN$ et $\beta + \frac{d\beta}{dN} dN$ et pour angle $90° + \varepsilon$, ε étant un infiniment petit du même ordre que dN. On aura donc

$$\lambda = \alpha\beta \quad \text{et} \quad \lambda + \frac{d\lambda}{dN} dN = \left(\alpha + \frac{d\alpha}{dN} dN\right)\left(\beta + \frac{d\beta}{dN} dN\right) \sin(90° + \varepsilon);$$

d'où

$$\frac{d\lambda}{dN} = \beta \frac{d\alpha}{dN} + \alpha \frac{d\beta}{dN}.$$

Mais $\frac{\alpha}{-R} = \frac{\alpha + \frac{d\alpha}{dN} dN}{-R + dN} = \frac{d\alpha}{dN}$; substituant $\frac{d\alpha}{dN} = -\frac{\alpha}{R}$ et $\frac{d\beta}{dN} = -\frac{\beta}{R'}$ dans l'expression de $\frac{d\lambda}{dN}$, on trouve (83). On démontre que cette formule subsiste quelle que soit la figure du contour de l'aire λ en décomposant cette aire en rectangles formés par des lignes de courbure et dont les dimensions soient infiniment petites d'un ordre plus élevé que celles de λ.

THÉORÈME. *L'éq. d'un système de surfaces de niveau*

$$\frac{d^2V}{dx^2}+\frac{d^2V}{dy^2}+\frac{d^2V}{dz^2}=0 \tag{84}$$

peut se mettre sous les deux formes

$$\frac{d^2V}{dN^2}=\left(\frac{1}{R}+\frac{1}{R'}\right)\frac{dV}{dN},\qquad \lambda\frac{dV}{dN}=\text{constante}. \tag{85) (86}$$

En effet, prenons trois axes rectangulaires et posons

$$p=\frac{dz}{dx},\quad q=\frac{dz}{dy},\quad r=\frac{d^2z}{dx^2},\quad t=\frac{d^2z}{dy^2},$$

on aura

$$\frac{dV}{dx}+p\frac{dV}{dz}=0,\qquad \frac{d^2V}{dx^2}+p\frac{d^2V}{dxdz}+p\left(\frac{d^2V}{dxdz}+p\frac{d^2V}{dz^2}\right)+r\frac{dV}{dz}=0,$$

et si on suppose que Ox' et Oy' soient de nouveaux axes tangents aux sections principales dont les courbures sont $\frac{1}{R}$ et $\frac{1}{R'}$, et que Oz' soit la tangente positive à N, on aura

$$p=0,\quad q=0,\quad r=\frac{1}{R},\quad t=\frac{1}{R'};$$

l'éq. qui précède devient

$$\frac{d^2V}{dx'^2}+\frac{1}{R}\frac{dV}{dz'}=0,$$

et on obtient pareillement

$$\frac{d^2V}{dy'^2}+\frac{1}{R'}\frac{dV}{dz'}=0;$$

d'où

$$\frac{d^2V}{dx'^2}+\frac{d^2V}{dy'^2}+\left(\frac{1}{R}+\frac{1}{R'}\right)\frac{dV}{dz'}=0, \tag{87}$$

éq. qui a lieu identiquement, quelle que soit f. Mais si c'est un potentiel, c'est-à-dire une fonction identifiant l'éq. (84), elle identifiera aussi

$$\text{(84 bis)} \qquad \frac{d^2V}{dx'^2} + \frac{d^2V}{dy'^2} + \frac{d^2V}{dz'^2} = 0,$$

et (87) devient

$$\text{(88)} \qquad \frac{d^2V}{dz'^2} = \left(\frac{1}{R} + \frac{1}{R'}\right)\frac{dV}{dz'}.$$

Donc (85) résulte de (84). Multipliant en croix (83) et (85), on trouve

$$\left(\frac{1}{R} + \frac{1}{R'}\right)\frac{d}{dN}\left(\lambda\frac{dV}{dN}\right) = 0,$$

ce qui démontre que (86) résulte de (84), sauf le cas particulier où l'on aurait $\frac{1}{R} + \frac{1}{R'} = 0$. Mais dans ce cas, les éq. (83) et (85) donnent $\lambda =$ const. et $\frac{dV}{dN} =$ const., et (86) a toujours lieu.

L'éq. (88) n'est qu'une forme purement géométrique donnée au principe sur lequel M. Chasles a établi sa théorie générale des attractions, car si l'on recouvre tous les éléments des surfaces V d'une matière attirante de manière que la masse de chaque élément soit proportionnelle à son étendue λ et à l'intensité $\frac{dV}{dN}$ de l'attraction, on voit que $\lambda\frac{dV}{dN}$ exprimera l'attraction sur la matière qui recouvre λ, et l'éq. (88) exprime que cette attraction est constante en tous les points d'un même canal dans toute partie de ce canal qui ne renferme aucune molécule attirante.

En intégrant les formules (83) et (85) de $N = 0$ à $N = N$, on trouve :

$$\text{(89)} \qquad \lambda = \lambda_0 e^{-\int_0^N \left(\frac{1}{R} + \frac{1}{R'}\right)dN} \qquad \frac{dV}{dN} = \left(\frac{dV}{dN}\right)_0 e^{\int_0^N \left(\frac{1}{R} + \frac{1}{R'}\right)dN}.$$

Corollaire 2. *Chacune des éq.* (85) *et* (86) *caractérise les systèmes de surfaces de niveau, c'est-à-dire ceux dont le paramètre* V *satisfait à* l'éq. (84). En effet, elles ont été déduites de (84), et il reste à prouver que (84) résulte de chacune d'elles.

Cela est évident pour (85); car, en choisissant les axes Ox', Oy', Oz', dont on a déjà fait usage, on a l'éq. (87); et celle-ci, en vertu de (85), peut se mettre sous la forme (84 *bis*) qui équivaut à (84).

Quant à l'éq. (86), supposons-la satisfaite dans toute la portion du canal comprise entre $N=0$ et $N=N$. On aura identiquement, dans toute cette partie, $\left(\frac{1}{R}+\frac{1}{R'}\right)\left(\lambda\frac{d^2V}{dN^2}+\frac{d\lambda}{dN}\frac{dV}{dN}\right)=0$, ou, en vertu de (83),

$$\frac{d\lambda}{dN}\left[\left(\frac{1}{R}+\frac{1}{R'}\right)\frac{dV}{dN}-\frac{d^2V}{dN^2}\right]=0;$$

donc (85) a lieu, et (84) en résulte, sauf le cas particulier où l'on aurait $\frac{d\lambda}{dN}=0$ en tous les points du canal. Dans ce cas, (83) donne $\frac{1}{R}+\frac{1}{R'}=0$ et l'identité (87) devient $\frac{d^2V}{dx'^2}+\frac{d^2V}{dy'^2}=0$; mais (88) donne $\frac{d^2V}{dN^2}=0$ ou $\frac{d^2V}{dz'^2}=0$. Donc (84 *bis*) est vérifiée, et (84) a lieu.

16. *Calcul de* V *quand on prend pour la ligne fermée* L' *un contour polygonal gauche* 1 2 3 ... *n* 1.

Soient x, y, z, et x', y', z' les coordonnées de deux points quelconques M et M' de L et de L' rapportées à trois axes fixes rectilignes et rectangulaires.

Posons pour abréger:

$$(90)\qquad x'-x=\xi,\qquad y'-y=\eta,\qquad z'-z=\zeta;$$

$$(91)\quad d'\xi=d'x',\ d\xi=-dx;\quad d'\eta=d'y',\ d\eta=-dy;\quad d'\zeta=d'z',\ d\zeta=-dz.$$

Désignons les cosinus des angles que font les axes avec les directions des côtés

$$\overline{1,2},\qquad \overline{2,3},\qquad \overline{3,4},\ \ldots\ldots\qquad \overline{n,1},$$

par

$$a_1,\ b_1,\ c_1,\qquad a_2,\ b_2,\ c_2,\qquad a_3,\ b_3,\ c_3,\ \ldots\ldots\qquad a_n,\ b_n,\ c_n,$$

et soit

$$M1 = r_1, \quad M2 = r_2, \quad M3 = r_3, \ldots \ldots Mn = r_n,$$

on aura

$$(92) \qquad \frac{dV}{dx} = A, \quad \frac{dV}{dy} = B, \quad \frac{dV}{dz} = C,$$

en posant

$$A = \frac{dZ}{dy} - \frac{dY}{dz}, \quad B = \frac{dX}{dz} - \frac{dZ}{dx}, \quad C = \frac{dY}{dz} - \frac{dZ}{dy}.$$

$$(93) \quad X = \int_{L'} \frac{d'x'}{r}, \quad Y = \int_{L'} \frac{d'y'}{r}, \quad Z = \int_{L'} \frac{d'z'}{r}, \quad r^2 = \xi^2 + \eta^2 + \zeta^2.$$

Posons

$$X = X_1 + X_2 + \ldots + X_n,$$

$$X_1 = \int_{\overline{1,2}} \frac{d'x'}{r}, \quad X_2 = \int_{\overline{2,3}} \frac{d'x'}{r}, \ldots \quad X_n = \int_{\overline{n,1}} \frac{d'x'}{r}; \quad A_h = \frac{dZ_h}{dy} - \frac{dY_h}{dz}, \quad h = (1, 2, \ldots n);$$

d'où

$$A = \Sigma A_h, \quad B = \Sigma B_h, \quad C = \Sigma C_h.$$

La formule

$$(53\ bis) \quad V = \int_{z_0}^{z} C(x, y, z)\, dz + \int_{y_0}^{y} B(x, y, z_0)\, dy + \int_{x_0}^{x} A(x, y_0; z_0)\, dx$$

devient

$$V(x,y,z) = R(x,y,z) - R(x,y,z_0) + Q(x,y,z_0) - Q(x,y_0,z_0) + P(x,y_0,z_0) - P(x_0,y_0,z_0),$$

en posant

$$P = \int A dx, \quad Q = \int B dy, \quad R = \int C dz.$$

Soit encore

$$P_h = \int A_h dx, \quad Q_h = \int B_h dy, \quad R_h = \int C_h dz;$$

d'où

$$P = \Sigma P_h, \quad Q = \Sigma Q_h, \quad R = \Sigma R_h,$$

et remarquons que x', y', z' varient simultanément dans X, tandis que z varie seule dans R.

Calcul de $X_1 = \int_{\overline{1,2}} \frac{d'x'}{r}$.

On a $\overline{1,2} = l'_2 - l'_1$ en plaçant un point indéterminé M' (x', y', z') sur le côté $\overline{1,2}$, et désignant par l' la projection de MM' sur la direction de ce côté. Soit p_1 la distance de M au côté $\overline{1,2}$; on a $l' = a_1\xi + b_1\eta + c_1\zeta$ et $X_1 = a_1 \int_{l'_1}^{l'_2} \frac{d'l'}{\sqrt{p_1^2 + l'^2}}$, ou

$$X_1 = a_1 \mathrm{l} \frac{l'_2 + r_2}{l'_1 + r_1}.$$

Calcul de $C_1 = \frac{dX_1}{d\eta} - \frac{dY_1}{d\xi}$

$$X_1 = a_1[\mathrm{l}(l'_2 + r_2) - \mathrm{l}(l'_1 + r_1)], \quad \frac{dX_1}{d\eta} = a_1 \left(\frac{\frac{dl'_2}{d\eta} + \frac{dr_2}{d\eta}}{l'_2 + r_2} - \frac{\frac{dl'_1}{d\eta} + \frac{dr_1}{d\eta}}{l'_1 + r_1} \right),$$

$$Y_1 = b_1 \mathrm{l}[(l'_2 + r_2) - \mathrm{l}(l'_1 + r_1)], \quad -\frac{dY_1}{d\xi} = b_1 \left(-\frac{\frac{dl'_2}{d\xi} + \frac{dr_2}{d\xi}}{l'_2 + r_2} + \frac{\frac{dl'_1}{d\xi} + \frac{dr_1}{d\xi}}{l'_1 + r_1} \right);$$

$$C_1 = \frac{a_1\eta_2 + b_1\xi_2}{r_2(l'_2 + r_2)} + \frac{b_1\xi_1 - a_1\eta_1}{r_1(l'_1 + r_1)}.$$

Or, l'unité de force, appliquée successivement en un point quelconque de l'une des directions

$$\overline{1,2}, \qquad \overline{2,3}, \qquad \dots$$

a pour moments autour des parallèles aux trois axes coordonnées menées par le point M

$$(94) \quad \begin{cases} 1_x = c_1\eta_1 - b_1\zeta_1 = c_1\eta_2 - b_1\zeta_2, & 2_x = c_2\eta_2 - b_2\zeta_2 = c_2\eta_3 - b_2\zeta_3, \quad \dots \\ 1_y = a_1\zeta_1 - c_1\xi_1 = a_1\zeta_2 - c_1\xi_2, & 2_y = a_2\zeta_2 - c_2\xi_2 = a_2\zeta_3 - c_2\xi_3, \quad \dots \\ 1_z = b_1\xi_1 - a_1\eta_1 = b_1\xi_2 - a_1\eta_2, & 2_z = b_2\xi_2 - a_2\eta_2 = b_2\xi_3 - a_2\eta_3, \quad \dots \end{cases}$$

On a donc

$$A_1 = 1_x \left[\frac{1}{r_1(l'_1+r_1)} - \frac{1}{r_2(l'_2+r_2)}\right],$$

$$B_1 = 1_y \left[\frac{1}{r_1(l'_1+r_1)} - \frac{1}{r_2(l'_2+r_2)}\right],$$

$$C_1 = 1_z \left[\frac{1}{r_1(l'_1+r_1)} - \frac{1}{r_2(l'_2+r_2)}\right].$$

Calcul de l'intégrale indéfinie $R_1 = \int C_1\, dz$.

Cette intégration doit être faite en traitant x et y comme constantes et z comme seule variable. Or, 1_z renferme x et y seulement, et x, y, z entrent dans r_1, l'_1, r_2, l'_2. Donc

$$R_1 = 1_z \int \frac{d\zeta}{r_2 l'_2 + r^2_2} - 1_z \int \frac{d\zeta}{r_1 l'_1 + r_1^2};$$

ζ doit être traité comme seule variable dans ces intégrales, et désigne dans la première $z'_2 - z$, et dans la seconde $z'_1 - z$, z'_1 et z'_2 étant deux constantes. On intègre en posant $t = r_1 - \zeta$, d'où

$$-\int \frac{d\zeta}{r_1 l'_1 + r^2_1} = 2 \int \frac{dt}{(1-c_1)t^2 + 2(a_1\xi_1 + b_1\eta_1)t + (1+c_1)(\xi^2_1 + \eta^2_1)}$$
$$= \frac{2}{1-c_1} \int \frac{dt}{(t-\alpha)^2 + \beta^2}.$$

en posant

$$\alpha = -\frac{a_1\xi_1 + b_1\eta_1}{1-c_1}, \qquad \beta = \frac{1_z}{1-c_1}.$$

Si donc on pose

$$
(95)\quad \left\{
\begin{array}{ll}
u'_1 = (1-a_1)(r_1-\xi_1)+b_1\eta_1+c_1\zeta_1, & u'_2 = (1-a_1)(r_2-\xi_2)+b_1\eta_2+c_1\zeta_2, \\
v'_1 = (1-b_1)(r_1-\eta_1)+c_1\zeta_1+a_1\xi_1, & v'_2 = (1-b_1)(r_2-\eta_2)+c_1\zeta_2+a_1\xi_2, \\
w'_1 = (1-c_1)(r_1-\zeta_1)+a_1\xi_1+b_1\eta_1, & w'_2 = (1-c_1)(r_2-\zeta_2)+a_1\xi_2+b_1\eta_2, \\
\cdots\cdots & \cdots\cdots \\
u_h^{(h)} = (1-a_h)(r_h-\xi_h)+b_h\eta_h+c_h\zeta_h, & u_{h+1}^{(h)} = (1-a_h)(r_{h+1}-\xi_{h+1})+b_h\eta_{h+1}+c_h\zeta_{h+1}, \\
v_h^{(h)} = (1-b_h)(r_h-\eta_h)+c_h\zeta_h+a_h\xi_h, & v_{h+1}^{(h)} = (1-b_h)(r_{h+1}-\eta_{h+1})+c_h\zeta_{h+1}+a_h\xi_{h+1}, \\
w_h^{(h)} = (1-c_h)(r_h-\zeta_h)+a_h\xi_h+b_h\eta_h, & w_{h+1}^{(h)} = (1-c_h)(r_{h+1}-\zeta_{h+1})+a_h\xi_{h+1}+b_h\eta_{h+1}, \\
\cdots\cdots & \cdots\cdots \\
u_n^{(n)} = (1-a_n)(r_n-\xi_n)+b_n\eta_n+c_n\zeta_n, & u_1^{(n)} = (1-a_n)(r_1-\xi_1)+b_n\eta_1+c_n\zeta_1, \\
v_n^{(n)} = (1-b_n)(r_n-\eta_n)+c_n\zeta_n+a_n\xi_n, & v_1^{(n)} = (1-b_n)(r_1-\eta_1)+c_n\zeta_1+a_n\xi_1, \\
w_n^{(n)} = (1-c_n)(r_n-\zeta_n)+a_n\xi_n+b_n\eta_n, & w_1^{(n)} = (1-c_n)(r_1-\zeta_1)+a_n\xi_1+b_n\eta_1,
\end{array}
\right.
$$

on aura

$$
R_1 = 2\,\text{arc tang}\frac{w'_1}{1_z} - 2\,\text{arc tang}\frac{w'_2}{1_z}.
$$

On obtient une seconde expression de R_1 en posant

$$
\frac{t-\alpha}{\beta} = u = \frac{w'_1}{1_z}, \quad i = \sqrt{-1};
$$

d'où

$$
-1_z\int\frac{d\zeta}{r_1 l'_1 + r^2_1} = 2\int\frac{du}{1+u^2} = il\,\frac{1-iu}{1+iu} = il\,\frac{1_z - iw'_1}{1_z + iw'_1};
$$

et par suite

$$
R_1 = il\,\frac{(1_z - iw'_1)(1_z + iw'_2)}{(1_z + iw'_1)(1_z - iw'_2)} = il\,\frac{1^2_z + w'_1 w'_2 - i1_z(w'_1 - w'_2)}{1^2_z + w'_1 w'_2 + i1_z(w'_1 - w'_2)}.
$$

Calcul de V.

On a

$$
(96)\qquad V = \Sigma V_h,
$$

en appelant V_h la somme des trois expressions

$$(97)\quad\left\{\begin{aligned}
&R_h(x,y,z)-R_h(x,y,z_0)\\
&=i\,l\,\frac{[h_z^2+w_h^{(h)}w_{h+1}^{(h)}-ih_z(w_h^{(h)}-w_{h+1}^{(h)})]_{x,y,z}[h_z^2+w_h^{(h)}w_{h+1}^{(h)}-ih_z(w_{h+1}^{(h)}-w_h^{(h)})]_{x,y,z_0}}{[h_z^2+w_h^{(h)}w_{h+1}^{(h)}+ih_z(w_h^{(h)}-w_{h+1}^{(h)})]_{x,y,z}[h_z^2+w_h^{(h)}w_{h+1}^{(h)}+ih_z(w_{h+1}^{(h)}-w_h^{(h)})]_{x,y,z_0}}\\
&Q_h(x,y,z_0)-Q_h(x,y_0,z_0)\\
&=i\,l\,\frac{[h_y^2+v_h^{(h)}v_{h+1}^{(h)}-ih_y(v_h^{(h)}-v_{h+1}^{(h)})]_{x,y,z_0}[h_y^2+v_h^{(h)}v_{h+1}^{(h)}-ih_y(v_{h+1}^{(h)}-v_h^{(h)})]_{x,y_0,z_0}}{[h_y^2+v_h^{(h)}v_{h+1}^{(h)}+ih_y(v_h^{(h)}-v_{h+1}^{(h)})]_{x,y,z_0}[h_y^2+v_h^{(h)}v_{h+1}^{(h)}+ih_y(v_{h+1}^{(h)}-v_h^{(h)})]_{x,y_0,z_0}}\\
&P_h(x,y_0,z_0)-P_h(x_0,y_0,z_0)\\
&=i\,l\,\frac{[h_x^2+u_h^{(h)}u_{h+1}^{(h)}-ih_x(u_h^{(h)}-u_{h+1}^{(h)})]_{x,y_0,z_0}[h_x^2+u_h^{(h)}u_{h+1}^{(h)}-ih_x(u_{h+1}^{(h)}-u_h^{(h)})]_{x_0,y_0,z_0}}{[h_x^2+u_h^{(h)}u_{h+1}^{(h)}+ih_x(u_h^{(h)}-u_{h+1}^{(h)})]_{x,y_0,z_0}[h_x^2+u_h^{(h)}u_{h+1}^{(h)}+ih_x(u_{h+1}^{(h)}-u_h^{(h)})]_{x_0,y_0,z_0}}
\end{aligned}\right.$$

ce qui donne une expression de la forme $V=i\,l\,\frac{p-iq}{p+iq}$, p et q étant des fonctions réelles et bien déterminées de x, y, z. Posons $p+iq=\rho e^{\theta i}$, et soit θ_0 une valeur particulière de θ; sa valeur générale dans l'expression de $p+iq$ sera $\theta=\theta_0+2m\pi$, m étant un nombre entier quelconque. Alors $V=i\,l\,e^{-2\theta i}=2\theta=2\theta_0+4m\pi$. Nous retrouvons ainsi la propriété fondamentale en vertu de laquelle x, y, z sont des fonctions périodiques de V dont la période est 4π. On peut supposer que la ligne polygonale soit inscrite dans une ligne fermée quelconque L′, et étendre cette propriété à la ligne L′ considérée comme la limite de la première.

Si les côtés sont finis, et n un nombre donné, on a, en affectant de l'indice zéro le sommet déjà affecté de l'indice n,

$$(98)\quad\left\{\begin{aligned}
V=i\sum_{h=0}^{h=n-1} l\Bigg[&\left(\frac{h_z-iw_h^{(h)}}{h_z+iw_h^{(h)}}\,\frac{h_z+iw_{h+1}^{(h)}}{h_z-iw_{h+1}^{(h)}}\right)_{x,y,z}\\
&\left(\frac{h_z+iw_h^{(h)}}{h_z-iw_h^{(h)}}\,\frac{h_z-iw_{h+1}^{(h)}}{h_z+iw_{h+1}^{(h)}}\,\frac{h_y-iv_h^{(h)}}{h_y+iv_h^{(h)}}\,\frac{h_y+iv_{h+1}^{(h)}}{h_y-iv_{h+1}^{(h)}}\right)_{x,y,z_0}\\
&\left(\frac{h_y+iv_h^{(h)}}{h_y-iv_h^{(h)}}\,\frac{h_y-iv_{h+1}^{(h)}}{h_y+iv_{h+1}^{(h)}}\,\frac{h_x-iu_h^{(h)}}{h_x+iu_h^{(h)}}\,\frac{h_x+iu_{h+1}^{(h)}}{h_x-iu_{h+1}^{(h)}}\right)_{x,y_0,z}\\
&\left(\frac{h_x+iu_h^{(h)}}{h_x-iu_h^{(h)}}\,\frac{h_x-iu_{h+1}^{(h)}}{h_x+iu_{h+1}^{(h)}}\right)_{x_0,y_0,z_0}\Bigg],
\end{aligned}\right.$$

ce qui donne une expression de la forme $V = il\frac{p-iq}{p+iq} = 2 \text{ arc tang } \frac{q}{p}$. L'équation des surfaces de niveau de la ligne fermée polygonale L' est V = const., et peut s'écrire, en désignant par C un paramètre variable seulement d'une surface à une autre,

$$p + Cq = 0. \tag{99}$$

Cette éq. est rationnelle par rapport aux $6n$ quantités $x_h - x, y_h - y, z_h - z$, $\sqrt{(x_h-x)^2+(y_h-y)^2+(z_h-z)^2}$, $\sqrt{(x_h-x)^2+(y_h-y)^2+(z_h-z_0)^2}$, $\sqrt{(x_h-x)^2+(y_h-y_0)^2+(z_h-z_0)^2}$, en donnant à h toutes les valeurs 1, 2, 3,... n.

17. *Sur les surfaces de niveau d'une ligne fermée* L' *infiniment petite.*

Le potentiel d'une ligne fermée est toujours la fonction V définie par l'intégrale (30). Nous continuerons de placer l'origine de la ligne l soit à l'infini, soit, ce qui revient au même, en un point quelconque de la surface de niveau qui a des points à l'infini. Prenons trois axes fixes rectangulaires, et cherchons le potentiel V au point M (x, y, z) pris arbitrairement dans l'espace. Soit M'(x', y', z') un point quelconque de L', et h une longueur constante et infiniment petite du premier ordre. Supposons que les dimensions de L' soient des infiniment petits du premier ordre; nous aurons, en prenant un point fixe P_0 (x_0, y_0, z_0) infiniment près de L', et imitant l'analyse que Poisson a donnée dans les *Mémoires de l'Académie des Sciences*, T. V, p. 268 et suiv.

$$x' = x_0 + h\xi', \quad y' = y_0 + h\eta', \quad z' = z_0 + h\zeta',$$

ξ', η', ζ' étant trois variables finies. Soit $MM'=r$ et $MP_0=r_0$. On a, en conservant la notation X, Y, Z,

$$X=h\int_{\overline{L'}}'\frac{d'\xi'}{r},\qquad Y=h\int_{\overline{L'}}'\frac{d'\eta'}{r},\qquad Z=h\int_{\overline{L'}}'\frac{d'\zeta'}{r},$$

$$\frac{1}{r}=\frac{1}{r_0}+h\left(\frac{d\frac{1}{r_0}}{dx_0}\xi'+\frac{d\frac{1}{r_0}}{dy_0}\eta'+\frac{d\frac{1}{r_0}}{dz_0}\zeta'\right).$$

Mais si on observe que L′ est une ligne fermée, on a $\int_{\overline{L'}}'d'\xi'=0$, $\int_{\overline{L'}}'\xi'd'\xi'=0$ et $\int_{\overline{L'}}'\eta'd'\zeta'+\int_{\overline{L'}}'\zeta'd'\eta'=0$. Les deux premières de ces relations donnent

$$X=h^2\int_{\overline{L'}}'d'\xi'\left(\frac{d\frac{1}{r_0}}{dy_0}\eta'+\frac{d\frac{1}{r_0}}{dz_0}\zeta'\right),$$

et la troisième montre que, si on pose

(100) $$\left\{\begin{array}{l}\int_{\overline{L'}}'\eta'd'\zeta'=\alpha',\quad \int_{\overline{L'}}'\zeta'd'\xi'=\beta',\quad \int_{\overline{L'}}'\xi'd'\eta'=\gamma',\\ \text{on aura}\\ \int_{\overline{L'}}'\zeta'd'\eta'=-\alpha',\quad \int_{\overline{L'}}'\xi'd'\zeta'=-\beta',\quad \int_{\overline{L'}}'\eta'd'\xi'=-\gamma';\end{array}\right.$$

mais puisque $\frac{d\frac{1}{r_0}}{dx_0}+\frac{d\frac{1}{r_0}}{dx}=0,\ldots\ldots$, on a

$$X=h^2\left(\gamma'\frac{d\frac{1}{r_0}}{dy}-\beta'\frac{d\frac{1}{r_0}}{dz}\right),\ Y=h^2\left(\alpha'\frac{d\frac{1}{r_0}}{dz}-\gamma'\frac{d\frac{1}{r_0}}{dx}\right),\ Z=h^2\left(\beta'\frac{d\frac{1}{r_0}}{dx}-\alpha'\frac{d\frac{1}{r_0}}{dy}\right),$$

$$\frac{dV}{dx}=\frac{dZ}{dy}-\frac{dY}{dz}=h^2\left(-\alpha'\frac{d^2\frac{1}{r_0}}{dy^2}-\alpha'\frac{d^2\frac{1}{r_0}}{dz^2}+\beta'\frac{d^2\frac{1}{r_0}}{dxdy}+\gamma'\frac{d^2\frac{1}{r_0}}{dxdz}\right).$$

or $\frac{d^2\frac{1}{r_0}}{dx^2}+\frac{d^2\frac{1}{r_0}}{dy^2}+\frac{d^2\frac{1}{r_0}}{dz^2}=0$; donc, si on pose

$$(101)\quad u=\alpha'\frac{d\frac{1}{r_0}}{dx}+\beta'\frac{d\frac{1}{r_0}}{dy}+\gamma'\frac{d\frac{1}{r_0}}{dz}=-\frac{\alpha'(x-x_0)+\beta'(y-y_0)+\gamma'(z-z_0)}{r^3_0},$$

on aura

$$\frac{dV}{dx}=h^2\frac{du}{dx},\qquad \frac{dV}{dy}=h^2\frac{du}{dy},\qquad \frac{dV}{dz}=h^2\frac{du}{dz};$$

donc $V-h^2u$ est une constante dont la valeur est nulle en vertu du choix qu'on a fait de l'origine de t.

$$(102)\qquad V=h^2u,$$

L'intégrale α' représente la somme des aires séparées, sur le plan des xy, par la ligne fermée qui est la projection de L' sur ce plan, affectées chacune d'un coefficient qu'on détermine en mettant zéro dans la partie extérieure infinie, et assujettissant les coefficients de deux aires voisines à différer d'une unité, et le plus grand, algébriquement, à appartenir à celle qui est à droite de l'arc de séparation. Elle est donc indépendante de la position du point P_0 infiniment près de L', ce qu'on peut voir d'ailleurs en ajoutant à ξ', η' et ζ' des constantes. Les formules qui précèdent conduisent aux deux conséquences suivantes :

1° Si la ligne L' était plane et située dans le plan des xy, on aurait $d\zeta'=0$, et par suite $\alpha'=0$, $\beta'=0$; u et V deviendraient $u_z=\gamma'\frac{d\frac{1}{r_0}}{dz}$ et $V_z=h^2u_z$. Donc V est la somme des potentiels des projections de L' sur les trois plans coordonnés. Mais le potentiel d'un système quelconque de lignes fermées est la somme algébrique des potentiels de chacune de ces lignes; donc

Le potentiel d'une ligne fermée infiniment petite est le potentiel du système des projections de cette ligne sur trois plans rectangulaires menés par un point quelconque infiniment voisin, et dans des directions arbitraires.

2° On détermine sans ambiguïté une aire infiniment petite du second ordre λ' décrite autour du point P_0 dans un plan passant par ce point, et les cosinus a', b', c' des angles que la normale positive P_0z_1 de ce plan fait avec les axes en posant

$$h^2\sqrt{\alpha'^2+\beta'^2+\gamma'^2}=\lambda', \quad h^2\alpha'=\lambda'a', \quad h^2\beta=\lambda'b', \quad h^2\gamma'=\lambda'c'.$$

Si donc P_0x_1, P_0y_1, et P_0z_1 désignent un nouveau système d'axes rectangulaires, le z_1 du point M sera $z_1=a'(x-x_0)+b'(y-y_0)+c'(z-z_0)$, d'où

$$V=-\lambda'\frac{z_1}{r^3_0}=\lambda'\frac{d\frac{1}{r_0}}{dz_1}.$$

Or le potentiel d'une ligne fermée plane dont l'aire est λ' et dont la normale positive fait avec les anciens axes des angles définis par les cosinus a', b', c', est $-\lambda'\frac{z_1}{r_0^3}$, comme on le voit en appliquant à cette ligne plane les formules qui précèdent, ou immédiatement, en observant que $-\lambda'\frac{z_1}{r_0^3}$ représente la perspective sphérique de cette nouvelle ligne vue du point M. D'ailleurs, si on porte sur l'axe des z_1 deux longueurs égales et infiniment petites, l'une PA dans le sens positif, l'autre PB dans le sens négatif, on aura $\lambda'\frac{d\frac{1}{r_0}}{dz_1}=\frac{\frac{\lambda'}{AB}}{MA}-\frac{\frac{\lambda'}{AB}}{MB}$. Donc V est le potentiel du système qu'on obtient en plaçant la masse $+\frac{\lambda'}{AB}$ au point A et la masse $-\frac{\lambda'}{AB}$ au point B. Donc

Le potentiel d'une ligne gauche fermée infiniment petite L′ *est identique* 1° *à celui d'un contour plan infiniment voisin dont les dimensions sont du même ordre infinitésimal, et dont la ligne gauche ne détermine pas la figure, mais seulement l'aire* λ' *et la direction de la normale positive, que nous appellerons l'axe de* L′;

2° *à celui de deux molécules égales et de signes contraires, placées sur l'axe de L' et infiniment voisines de cette ligne, la molécule positive étant du côté positif, et la masse de chacune d'elles étant égale à l'aire λ' divisée par leur distance mutuelle.*

La question est ramenée à l'étude des surfaces de niveau d'une ligne fermée plane infiniment petite L' comprenant une seule aire λ', c'est-à-dire partageant son plan en deux parties seulement. Prenons trois axes rectangulaires, et dirigeons l'axe des z vers la normale positive de l'aire λ', en sorte que le mouvement sur L' s'effectue autour de Oz dans le sens xy, l'origine O étant prise dans l'aire λ'. Soit θ l'angle zOM. La perspective sphérique de l'aire λ' vue du point M est

$$(103) \qquad V = -\lambda' \frac{\cos\theta}{r^2} = -\lambda' \frac{z}{r^3}.$$

Les surfaces de niveau de L', étant de révolution autour de Oz, il suffit d'étudier le méridien d'une de ces surfaces dans le plan zOx. Il est symétrique par rapport à Oz, et il suffit de l'étudier dans l'angle zOx. Dans cet angle, V étant constamment négatif, posons

$$(104) \qquad k^2 = -\frac{\lambda'}{V}.$$

L'éq. d'une ligne V = constante dans l'angle zOx est

$$(105) \qquad r^3 = k^2 z \quad \text{ou} \quad r^2 = k^2 \cos\theta.$$

Prenons, sur Oz, OK = k (fig. 11). La courbe va du point K à l'origine O, r décroissant constamment, et rencontre Oz normalement en ces deux points. On construit la tangente MC et la normale MD en M, en portant, sur OM = r, OA = AB = BM = $\frac{r}{3}$, et élevant sur OM, aux points A et B, deux perpendiculaires dont la première rencontre Oz en D, et dont la seconde rencontre Ox en C. Car, si l'on appelle A et B les projections de D et de C sur OM, et si l'on pose m = OMD, on aura

$$\operatorname{tg} m = -\frac{d\theta}{dr} = -\frac{\frac{d(r^3)}{d\theta}}{2r^2} = -\frac{\frac{d\cos\theta}{d\theta}}{2\cos\theta} = \frac{\tan\theta}{2}.$$

Or, $\operatorname{tg} m = \frac{\operatorname{tg}\theta}{2}$ donne $\frac{AD}{AM} = \frac{AD}{2OA}$, d'où $AM = 2OA$;

et $2 \operatorname{tg} m = \operatorname{tg}\theta$ donne $\frac{2BM}{BC} = \frac{OB}{BC}$ d'où $2BM = OB$.

x est maximum en un point P pour $\theta + m = 90°$, d'où $\operatorname{tg}\theta \operatorname{tg} m = 1 = \frac{\operatorname{tg}^2\theta}{2}$;

ce qui donne $\operatorname{tg}^2\theta = 2$, $\cos^2\theta = \frac{1}{3}$, $\sin^2\theta = \frac{2}{3}$; $\frac{z^2}{1} = \frac{x^2}{2} = \frac{r^2}{3}$ et $r = \frac{k}{\sqrt{3}}$.

Soit $\rho = MF$ le rayon de courbure de la courbe au point M : $\rho' = MD$ est le rayon de courbure de la section faite dans la surface V par le plan perpendiculaire à MC. On trouve

$$\rho' = r\frac{\sqrt{x^2+4z^2}}{3z} = \frac{k}{3}\sqrt{\cos\theta(\operatorname{tg}^2\theta+4)},\quad \rho = r\frac{(x^2+4z^2)^{\frac{3}{2}}}{6z(x^2+2z^2)} = \frac{k}{6}\sqrt{\cos\theta}\frac{(\operatorname{tg}^2\theta+4)^{\frac{3}{2}}}{\operatorname{tg}^2\theta+2} = \frac{\rho'}{1+\sin^2 m}$$

Au point K, ou pour $\theta = 0$, on a $\rho = \rho' = \frac{2}{3}k$,

. . . . P, ... $\operatorname{tg}^2\theta = 2$. . . . . $\rho = \frac{3}{4}\rho' = \frac{3}{4}x$,

. . . . O, ... $\theta = 90°$, . . . $\rho = \infty$, $\rho' = \infty$.

La relation $\rho' - \rho = \rho\sin^2 m$ montre que le point F est toujours entre le point D et le milieu de MD, et donne aisément pour ce point la construction suivante : MDJ étant le triangle rectangle dont l'hypoténuse MJ passe par O, et I le milieu de AD, on trouvera F sur la droite JI.

Les trajectoires orthogonales des surfaces de niveau ont pour éq. différentielle dans le plan des zx

$$\frac{dz}{dx} = \frac{2z^2 - x^2}{3xz},$$

ou, en posant $z = tx$, $\frac{dx}{x} + \frac{3\,tdt}{t^2+1} = 0$, éq. qui a pour intégrale, c

désignant une constante, $\left(\frac{x}{c}\right)^2 (t^2+1)^3 = 1$, ou $(x^2+z^2)^3 - c^2x^4 = 0$. On a ainsi, pour l'éq. des trajectoires orthogonales des surfaces de niveau, dans le plan zOx,

$$(106) \qquad r^3 = cx^2 \quad \text{ou} \quad r = c\sin^2\theta.$$

La courbe étant symétrique par rapport aux axes, il suffit de l'étudier dans l'angle zOx. Si l'on prend, sur Ox, $OH = c$, on voit que la courbe va du point O au point C, θ croissant constamment, et qu'en ces deux points elle rencontre Ox normalement. Pour $\theta = 45°$, on a $r = \frac{c}{2}$, et la somme des rayons recteurs r, pour deux valeurs complémentaires de θ, est constante et égale à c. z est maximum en un point Q pour $\operatorname{tg}^2\theta = 2$, d'où $r = \frac{2}{3}c$. Soient

$\mu = MG$ le rayon de courbure en M,
$\mu' = MC$; on trouve

$$\mu' = -r\frac{\sqrt{x^2+4z^2}}{3x} = -\frac{r}{3\sin m}, \qquad \mu = -\frac{r(x^2+4z^2)^{\frac{3}{2}}}{3x(x^2+2z^2)} = \frac{2\mu'}{1+\sin^2 m}.$$

Le point G et le point M sont de part et d'autre du point C, et le point G en est plus près que le point M : on a

$$\operatorname{tg}\theta = -\frac{2\rho}{\mu} = -\frac{\rho'}{\mu'}.$$

Au point O, ou pour $\quad \theta = 0, \quad$ on a $\quad \mu' = 0, \qquad \mu = 0,$

. . . . . Q, ... $\quad \operatorname{tg}^2\theta = 2, \quad$ . . . $\mu' = -\frac{2c}{3\sqrt{3}} = -z, \quad \mu = -\frac{c}{\sqrt{3}},$

. . . . . H, ... $\quad \theta = 90°, \quad$ . . . $\mu' = -\frac{c}{3}, \quad \mu = -\frac{c}{3}.$

Si par le point E, où DC rencontre OM, on élève une perpendiculaire sur OM, elle passera par les deux centres de courbure F et G des deux courbes qui se rencontrent orthogonalement au point M. En effet, $ME = \frac{2r}{3}\frac{1}{1+\sin^2 m} = \frac{2r}{3}\frac{\rho}{\rho'}$, ou $\frac{ME}{\rho} = \frac{\frac{2r}{3}}{\rho'} = \frac{MA}{MD}$; donc EF est parallèle à AD. D'ailleurs la comparaison des valeurs de μ et de ρ donne $\mu x = 2\rho z$ ou $\mu \operatorname{tg}\theta + 2\rho = 0$, ou $\mu \operatorname{tg} m + \rho = 0$, ou $-\mu \sin m = \rho \cos m$; donc G et F se projettent au même point sur OM.

Vu et approuvé, le 7 février 1870.

Le Doyen de la Faculté des sciences,

MILNE EDWARDS.

Vu et permis d'imprimer :

Le Vice-Recteur de l'Académie,

MOURIER.

DEUXIÈME THÈSE.

QUESTIONS DONNÉES PAR LA FACULTÉ.

Usage des potentiels dans l'électro-dynamique et dans l'électro-magnétisme.

Vu et approuvé, le 7 février 1870,

Le Doyen de la Faculté des Sciences,

MILNE EDWARDS.

Vu et permis d'imprimer :

Le Vice-Recteur de l'Académie,

A. MOURIER.

PARIS. — Imprimerie de CUSSET et Ce, 26, rue Racine.

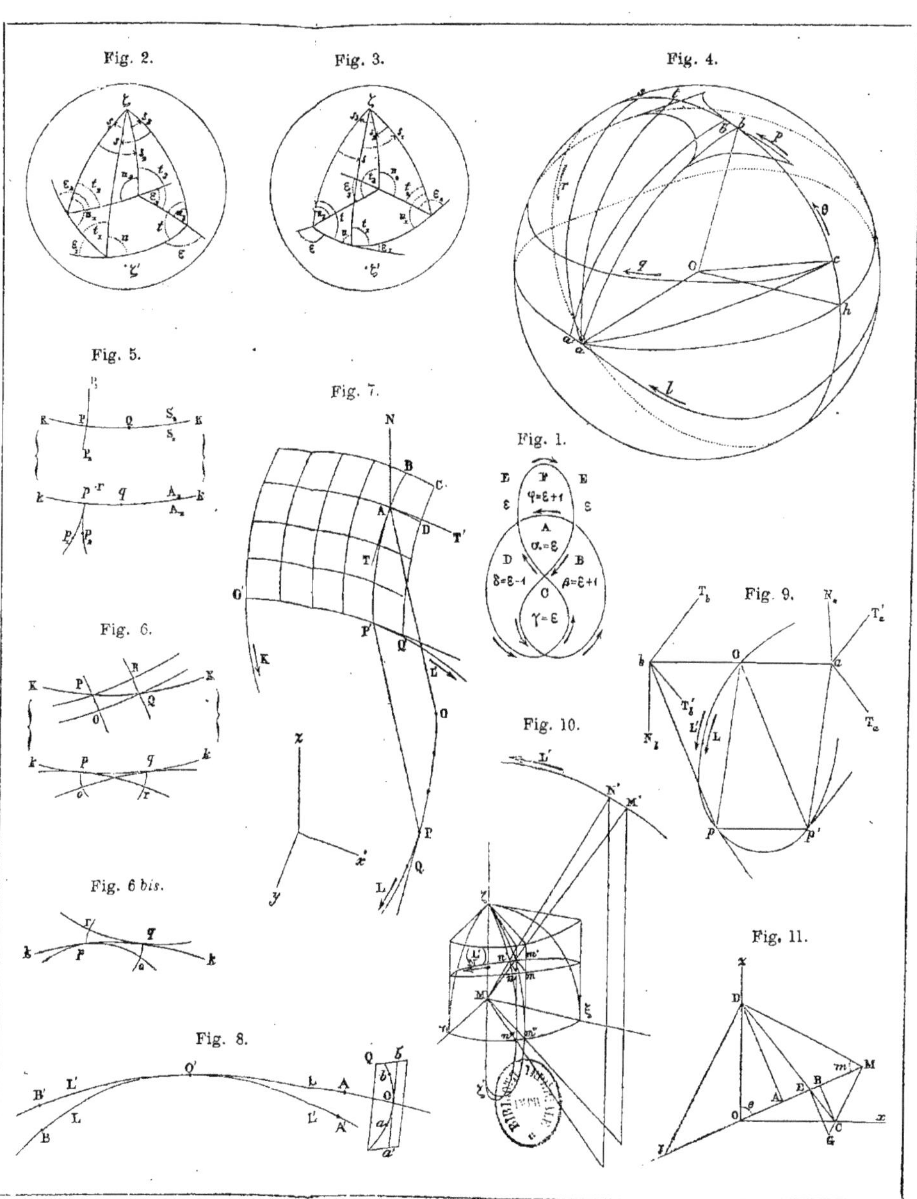
Fig. 2.
Fig. 3.
Fig. 4.
Fig. 5.
Fig. 7.
Fig. 1.
Fig. 6.
Fig. 9.
Fig. 10.
Fig. 6 bis.
Fig. 11.
Fig. 8.

www.ingramcontent.com/pod-product-compliance
Ingram Content Group UK Ltd.
Pitfield, Milton Keynes, MK11 3LW, UK
UKHW012243240726
13966UKWH00004B/1269

9 782011 945334